令人着迷的娃娃服饰制作

四季娃娃风格穿搭

日本F4*gi团体　著

项晓笈　译

河南科学技术出版社

· 郑州 ·

写在前面的话

长大以后，不再适合穿得像娃娃一样，

可还是热衷于自己缝制娃娃衣服，

热衷于创造一个小巧可爱的娃娃世界，

这就是手作的乐趣！

不仅自己乐在其中，

也想把这种快乐传递给大家，

所以就有了这本书。

不是只限于给娃娃做出漂亮的衣服配饰，

也可以利用迷你人台缝制一些富有季节性或是节日特征的衣饰，

作为房间的装饰也好，作为拍照的道具也好，

有着各种各样的可能性。

还是孩子的时候，很多人一定都拥有过自己心爱的娃娃，

这种单纯的喜爱、美好的记忆，再也回不去了。

虽然你已改变模样，

但你要不要和我们一起

出发，

开始一次令人心动的时光之旅？

真心地感谢这本书的读者！

真心地感谢给予我们机会，协助我们完成这本书的各位！

谢谢你们！

F4*gi

目 录

秋季

p.17　万圣节

黑色礼服
超长蕾丝裙

p.19　晚安时间

甜美花边睡衣
睡帽

冬季

p.21　购物

羊毛圈圈绒大衣
纸袋

p.23　剧院

经典露肩礼服
白色过膝袜

p.25　圣诞节

闪亮泡泡裙
花饰

精灵抹胸裙

粉色衬裤

网纱裙撑

复活节

精灵抹胸裙　　▶ 制作方法 p.45　实物大纸型 p.85
抹胸部分裁剪小片布料拼接，极具立体感。再配以柔和的粉红色、粉蓝色，甜美浪漫。

粉色衬裤　　▶ 制作方法 p.63　实物大纸型 p.85
比 p.13 的白色衬裤要短一些，可以被外面的裙撑完全遮住。

网纱裙撑　　▶ 制作方法 p.62
重叠六层六角网眼纱，缝制出好似芭蕾舞裙的蓬松裙撑。与抹胸组合就是一条漂亮大方的抹胸裙了。

华丽马头棒

花边立领衬衣

打褶工装裤

野餐

花边立领衬衣　　▶ 制作方法 p.67　实物大纸型 p.86

选择花边缝制立领，袖子制作成泡泡袖。衣长设计得比较短，可以干净利索地掖进裤子里。

打褶工装裤　　▶ 制作方法 p.52　实物大纸型 p.95

亮点在于大褶皱的肩带。没有多余的装饰，只需要准备一种布料就可以完成。

华丽马头棒　　▶ 制作方法 p.68　实物大纸型 p.85

无论是作为拍照道具还是房间装饰，都是一件非常出彩的小物件。可以完全根据自己的喜好装饰花边、缎带等。

复古围裙

厨房隔热手套

泡泡袖少女连衣裙

烹饪

泡泡袖少女连衣裙　▶ 制作方法 p.63　实物大纸型 p.86
虽然设计简单，但是可以在选择布料花样时花些心思。红色的衣领，相当抢眼。

复古围裙　▶ 制作方法 p.64　实物大纸型 p.87
使用两种格子大小不同的色织布缝制。下摆的荷叶边设计极具复古风情。

厨房隔热手套　▶ 制作方法 p.66　实物大纸型 p.87
这是使用围裙同款布料缝制的迷你隔热手套。手套口和装饰蝴蝶结同样使用了抢眼的红色。

爱丽丝经典连衣裙

白色蕾丝围裙

白色衬裤

条纹过膝袜

爱丽丝的世界

爱丽丝经典连衣裙　▶ 制作方法 p.36　实物大纸型 p.86
这是《爱丽丝梦游仙境》中爱丽丝所穿的经典蓝色连衣裙。搭配白色围裙，完全就是从故事里走出来的样子。

白色蕾丝围裙　▶ 制作方法 p.42　实物大纸型 p.88
搭配爱丽丝经典连衣裙时，围裙的尺寸要稍微短一些，下摆的蕾丝花边不要遮住连衣裙漂亮的荷叶边设计。

白色衬裤　▶ 制作方法 p.48　实物大纸型 p.88
一眼就可以看到时髦的蕾丝花边，是非常经典的衬裤款式。可以使用不同颜色、不同质地的布料多缝制几条。

条纹过膝袜　▶ 制作方法 p.50　实物大纸型 p.93
相当简洁的设计，把针织面料正面相对，直接缝合。可以制作不同颜色、不同花纹的过膝袜，用来搭配不同的服饰。

六片式连衣裙

花园派对

六片式连衣裙　　▶　制作方法 p.70　实物大纸型 p.89
裙摆分为六片，纵向缝合，既简约又立体。喇叭形的裙摆，带来漂亮而自然的流动感。

秋季

黑色礼服

超长蕾丝裙

万圣节

黑色礼服　　▶ 制作方法 p.72　实物大纸型 p.85
抹胸的做法和 p.07 的精灵抹胸裙一样。大量地搭配蕾丝花边和缎带，绮丽奢华。

超长蕾丝裙　　▶ 制作方法 p.74
提花面料上再重叠六角网眼纱，既挺括又蓬松。和黑色礼服叠加着穿，就是非常正式的晚礼服了。

甜美花边睡衣

睡帽

晚安时间

甜美花边睡衣　▶　制作方法 p.75　实物大纸型 p.90、91
又轻薄又柔软的白色布料，米黄色缎带，再加上层层花边，甜美梦幻。穿上它，做个浪漫的好梦吧！

睡帽　▶　制作方法 p.78
只需要裁剪一块圆形布料，穿上松紧带就完成了。装饰上和睡衣同款的花边和缎带，配成一套。

纸袋

羊毛圈圈绒大衣

购物

羊毛圈圈绒大衣　　▶　制作方法 p.80　　实物大纸型 p.92
A 字形剪裁的大衣使用柔软蓬松的羊毛圈圈绒面料，衣领背面和大衣里衬则用蕾丝面料缝制，少女感十足。

纸袋　　▶　制作方法 p.79
除了市售纸张，也可以使用印有自己喜欢的花纹或商标的纸张。按照步骤折叠，很容易就可以做出具有自己独创风格的纸袋。

经典露肩礼服

白色过膝袜

剧院

经典露肩礼服　▶　制作方法 p.82　实物大纸型 p.93
搭配三种不同的黑色布料制作，是一款非常高雅的经典礼服。裙子部分使用了比较挺括的形状记忆塔夫绸，一片式的剪裁也可以很好地凸显线条。

白色过膝袜　▶　制作方法 p.84　实物大纸型 p.93
用蕾丝花边装饰袜口，相当庄重正式。颜色可以根据自己的喜好自行搭配。

闪亮泡泡裙

花饰

圣诞节

闪亮泡泡裙 ▶ 制作方法 p.56 实物大纸型 p.94
裙子的上下侧都做了抽褶处理，格外柔软蓬松。再加上六角网眼纱和花饰的点缀，极具奢华感。

花饰 ▶ 制作方法 p.84
蕾丝花、缎带、手造花，把这些喜欢的元素组合在一起，做成花饰。只要其中一种材料和裙子同色，就会相当协调。

基础知识

基 本 工 具

这里会介绍一些制作衣服和配饰时需要的基本工具。
除了通常使用的缝纫工具外，在制作一些小作品时还可利用各种方便好用的其他
工具，可以根据需要自行准备。

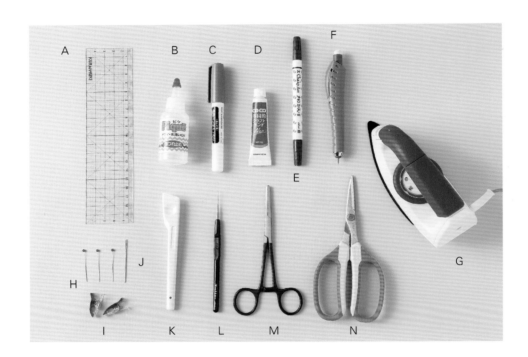

A 直尺
有些作品没有纸型，制作时可以使用直尺来画直线；或是用来测量、确定尺寸。手工专用的较薄的方格尺更为方便。

B 锁边液
涂在布料或缎带的裁切边，防止绽线。因为书中作品的尺寸都比较小，缝份也很有限，没有办法使用"之"字缝缝纫机或锁边机来处理缝份。

C 手工胶
当一些比较狭小的部分不方便使用珠针固定时，就可以用手工胶临时固定。胶棒使用起来比较便利。

D 手工用黏合剂
除了衣服之外，有时候还需要制作一些配饰。配饰上的蕾丝、小装饰等可以用黏合剂直接粘贴。最好选择适用于布料、塑料、金属等多种材料的通用型黏合剂。

E 笔式画粉　F 粉土笔
在布料上描画纸型，或是做记号时使用。笔式画粉的印记可以用水消除，时间长了也会自己消失，尽量选择线迹比较细的笔式画粉。粉土笔的笔芯可以削尖，能够很容易地画出比较细的线迹。

G 熨斗
制作前用于熨平布料褶皱、整理布目，作品完成后用来熨烫形状。小型的熨斗使用起来更为方便。

H 珠针　I 手工用夹子
尽量选择比较细的珠针，便于固定小片部分。有时布片重叠后会有一定的厚度，也可以使用夹子固定。

J 圆头毛衣缝合针
用来给衣服的腰带部分穿松紧带。相较于普通的穿带器，毛衣缝合针更容易通过窄小的部分。

K 骨笔
可以替代熨斗，在布上印画出折线或是压出缝份。也可以使用和服剪裁中常用的刮刀。

L 锥子
把缝合部分翻回正面时，使用锥子可以整理出漂亮的尖角。推荐使用锥尖较细的锥子。机缝时也可以用来推送布料。

M 手工用钳子
需要将一些狭长细小的缝合部分翻回正面时，就可以使用钳子。选择圆头的钳子，不会伤到布料，也可以顺利翻面。

N 手工用剪刀
选择的剪刀要方便裁剪窄小部位，并且便于携带。

关于缝纫机

大部分的作品可以选择机缝，也可以选择手缝。但是，使用缝纫机能够使制作过程变得轻松很多。

使用自己现有的缝纫机，选择合适的压脚和针板，能够更为轻松漂亮地完成作品。

如果是手缝的话，使用平针缝，针脚要细密均匀。

○ 缝纫机的挑选

可以使用普通的家用缝纫机，但是推荐马力和耐用性更胜一筹的工业缝纫机。工业缝纫机更加注重强化直线缝，线迹也更为细致美观。另外，工业缝纫机还配有5mm压脚（图左）、1mm压脚（图右）等，能够更加准确漂亮地完成缝纫工作。如果需要购买新的缝纫机，不妨研究一下工业缝纫机。

工业缝纫机压脚
SUISEI弹簧导杆压脚

使用家用缝纫机时

● 压脚

除了普通的直线压脚，更推荐使用贴布缝开口压脚。所谓"开口压脚"，是指压脚前端的开口较大，能够清楚地看到完成线，方便沿着完成线缝制弧线线迹。

● 机缝线

选择适合薄布料用的80号或90号聚酯纤维机缝线。颜色要和布料颜色相近。

● 机缝针

机缝针号数越小越细，号数越大越粗，需要根据布料的厚薄进行选择。通常来说，比较薄的布料及普通质地的布料都可以使用9号机缝针，稍厚一些的布料就要选择11号机缝针。

● 针板

相较于"之"字缝缝纫机的标准针板（图左），直线针板（图右）落针部分的孔会小一些，在缝制比较薄的布料或是比较小的部分时不容易卡住，机针也不容易晃动。可以很方便地更换缝纫机上的针板。

● 针距

通常情况下，针距设定在1.4~1.6mm（图左），起缝处和止缝处需要回针。遇到需要缩缝抽褶的部分时，针距不能过小，一般会使用2.5mm的针距（图右），通过拉紧上线形成细褶，起缝处和止缝处都不能回针，而是要预留出一定长度的缝线。

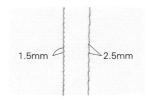

1.5mm   2.5mm

● 缝线张力

车缝时面线和底线相互咬合的状态叫作缝线张力。面线或底线任何一方张力过大，都会影响到针脚的美观和布料的平整。需要把双方的张力都调整到合适的程度，才能在缝制的正、反面都留下整齐漂亮的线迹。车缝不同材质、不同厚薄的布料时，一定要先在多余的布料上试缝后，再开始正式的缝制。

纸型使用方法

这里先大致介绍一下从p.85至p.95的实物大纸型。
选择适合娃娃大小的纸型尺寸，了解一下正确的纸型使用方法吧。

○ 纸型的选择

纸型按照娃娃的大小分为 S（20cm）、M（22cm）、L（27cm）
三种尺寸。参照右边的表格，选择适合自己娃娃的尺寸。有
时候胸围或腰围部分会出现一些细微的差别，可以自行调整
摁扣位置和松紧带长度。

纸型尺寸	娃娃种类
S	中布（Middie Blythe）、大额头娃娃（Odeco）等
M	小布（Neo Blythe）、丽佳娃娃（Licca）等
L	珍妮娃娃（Jenny）、桃子娃娃（Momoko）等

○ 纸型的标记

● **作品名称**

即便是裁剪后，也很容易分清楚是
哪件作品的纸型。

● **各部分名称和数量**

尺寸、该部分的纸型名称，以及
需要的片数。纸型只需要准备一
张，按照指定的数量在布料上描
画纸型、裁剪。

● **折双标记**

以这个标记为中心，把布料左右对
称地裁剪下来（参照p.31"折双纸
型的描图"）。

● **布纹方向**

放置纸型时，箭头方向与直布纹方
向一致。

● **缝份线**

在完成线外0.5cm处画的线。沿着
这条缝份线裁剪布料。因为无法使
用"之"字缝缝纫机或锁边机处理
缝份，所以一定要在裁切边涂上锁
边液（参照p.32"防绽线处理"）。

● **完成线**

实际缝制中的车缝线。缝合时，每
片布料的完成线都要准确地对齐
（参照p.32"缝合"）。

● **合印标记**

弧线或是长距离缝合时，需要对齐
每片布料对应的合印标记，别好珠
针，确保缝纫时不会出现布料偏移
的现象。

爱丽丝经典连衣裙
M
前片×1片

打褶工装裤
M
贴边布×1片

● **裁切线**

不留缝份的完成线。不需要缝份的时候，直接沿着这条完成线裁剪布料。

● **抽褶**

标记需要缩缝抽褶的部分。在缝份处用大针距车缝，通过拉紧起缝处和止缝处的上线，抽出细褶（参照p.33"抽褶"）。

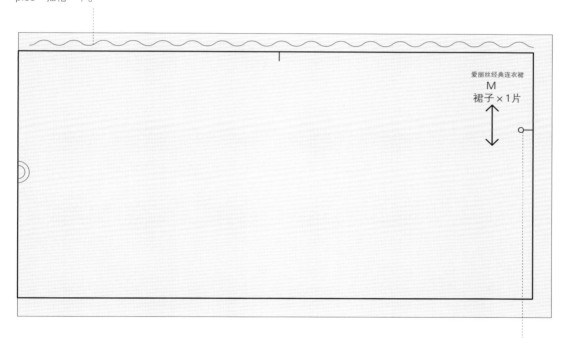

爱丽丝经典连衣裙
M
裙子×1片

● **开口止缝点**

用来标记衣服背面的开口位置。这个标记向上的完成线都不需要缝合。

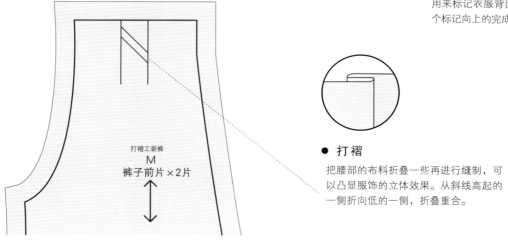

打褶工装裤
M
裤子前片×2片

● **打褶**

把腰部的布料折叠一些再进行缝制，可以凸显服饰的立体效果。从斜线高起的一侧折向低的一侧，折叠重合。

纸 型 描 画 方 法

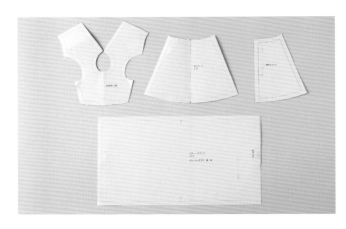

● 准备纸型

确定要制作的作品，确认娃娃的尺寸，然后找到纸型页，把所需要的纸型全部复印出来。也可以使用复写纸和铅笔，准确地复写出纸型。无论是复印还是复写的纸型，全部沿着缝份线剪下来。需要的纸型都准备好之后，在开始制作前还要再次确认所有纸型是否完整无误。

● 在布料上描画纸型

1 在布料的背面放置纸型。

2 沿纸型的缝份线（外侧线），用粉土笔描线。

3 缝份线描画完成。

4 沿完成线，把纸型的一部分缝份剪去。

5 剪去一部分缝份的纸型。

6 再把纸型放置到布料上，未剪去的缝份部分和步骤3描画好的缝份线重合。

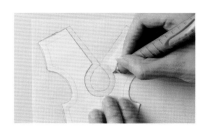

7 沿纸型，描画出剪去缝份部分的完成线。

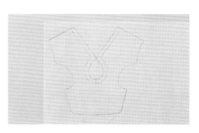

8 部分完成线描画完成。

9 将纸型上剩下的缝份部分，全部沿着完成线剪去。

10 把纸型重合于步骤7描好的部分完成线，再一次放置在布料上。

11 描画剩下的完成线。

12 纸型描画完成。用同样的方法完成所有纸型描画。

● 折双纸型的描图

1 在布料背面放置纸型，按图示，左侧预留出一片纸型的位置。

2 沿纸型的缝份线（外侧线），用粉土笔描线。画出中心点和上、下方的完成线。

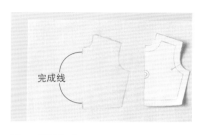

3 描画完成。

4 对齐中心点，将纸型翻面放置在布料背面。

5 画出左边一半。图形以中心点为基准左右对称。

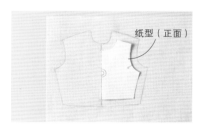

6 沿完成线，剪去纸型所有的缝份部分。对齐步骤2画好的完成线，将纸型放置在布料上。

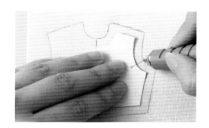

7 依纸型描画完成线，同时标注合印标记。

8 同步骤4一样翻转纸型，描画左边一半的完成线，标注合印标记。

9 完成折双纸型描画。

基本制作方法

这里介绍的是所有作品通用的基本制作方法。
如果可以准确细致地做好这些基本步骤，
完成的作品也就能够更加完美。

● 防绽线处理

1 在布料上描画完纸型后，用手工用剪刀沿缝份线（外侧线）裁剪。

2 裁剪完成。用同样的方法剪下其他的部分。

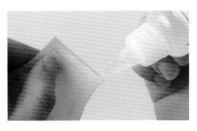

3 给裁切边涂上锁边液。尽量只涂在切口面，不要渗入旁边的布料。

● 合印剪口

1 用剪刀把缝份上所做的合印标记和中心点剪出剪口。千万注意，剪口不能超过完成线。

2 剪口完成。这些剪口就被叫作"合印剪口"。

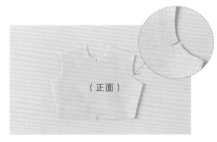

3 从布料正面看到的样子。有了合印剪口，布料翻到正面，也能一眼就找到合印标记的位置。

● 缝合

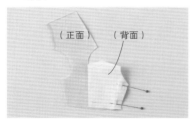

1 将需要缝合的部分正面相对对齐，完成线两端别上珠针固定。

2 针距设定在1.4~1.6mm，如果没有特别要求，仅车缝完成线。起缝处和止缝处需要车缝一两针回针。

3 缝合完成。仅车缝完成线端至端的样子。

● 抽褶

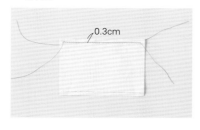

1 于完成线外侧1~2mm处，以 2.5mm的针距车缝。起缝处和止缝处都不需要回针，留出一定长度的缝线。

2 捏住布料，轮流拉紧两端的上线，形成细褶。

3 抽褶完成。除去两端不用抽褶，把其他部分的细褶拉匀理顺。

● 折缝份

1 在布料需要折边的地方压好尺子，用骨笔印画出完成线。

2 将缝份折向布料背面，手指用力压住骨笔，由远及近移动骨笔，压实缝份。

3 折缝份完成。这样即使不使用熨斗，也可以折出清晰的缝份。

● 打开缝份

● 整理尖角

● 熨烫

将缝合处的缝份左右分开，使用骨笔从缝份上端向下压实打开。

将缝合的布料翻回正面，使用锥子认真地整理出尖角。

作品完成后，需要进行最终熨烫。遇到腰部、裤腿这类筒状部分，熨烫时尽量不要留下压痕。

方便好用的筒状熨烫台

预先准备一个这样的熨烫台，在进行最终熨烫时会非常便利。

准备长约15cm的保鲜膜内芯和20cm×20cm的羊毛毡。把内芯放置在羊毛毡的一侧，卷起羊毛毡，包住内芯，最后把羊毛毡两端的部分塞进内芯即可。

相关材料

这里介绍一下书中作品所用到的布料和其他材料。制作时可以作为参考，按照需要选择适合的材料。

○ 布料

● 棉布

具有光泽、柔软而有弹性的薄棉纱布料。便于缝纫，也可以做出漂亮的抽褶。无论是颜色还是花纹，都有很多选择。用途广泛，可以制作连衣裙、围裙、裤子等。

▶ p.09打褶工装裤　p.11泡泡袖少女连衣裙、复古围裙　p.13爱丽丝经典连衣裙　p.15六片式连衣裙

● 提花面料

经纬线交错织出凹凸有致的花纹，属于较为厚重立体的布料。非常适合制作高雅时髦的服饰。搭配蕾丝、六角网眼纱等，更具有华丽感。

▶ p.17黑色礼服、超长蕾丝裙

● 六角网眼纱

织物透明，有六角网眼形小孔，大多数是尼龙材质。有时候也会织出一些波点、爱心花纹。重叠使用具有堆叠感，适合做出蓬松的效果。

▶ p.07精灵抹胸裙、网纱裙撑　p.17超长蕾丝裙
p.25闪亮泡泡裙

● 山东绸

富有光泽，绸面排列着自然的疙瘩花纹。光泽度优于缎子，也能够更好地展现线条，非常适合制作正式的礼服。

▶ p.25闪亮泡泡裙

● 全棉巴厘纱

质地稀薄、布孔清晰、柔软透明的布料。相较于雪纺和乔其纱，纱线较粗，便于过针。可以做出具有蓬松质感的作品。

▶ p.09花边立领衬衣　p.19甜美花边睡衣、睡帽

● 形状记忆塔夫绸

由聚酯纤维加工而成，具有独特的弹性和光泽。常用于制作女士礼服等比较正式的服饰。这种面料既轻薄，光泽度又好，即便不加贴黏合衬也能很好地凸显礼服的线条。

▶ p.23经典露肩礼服

● 人造皮草

以合成纤维制造，外观类似于动物皮毛的织物。皮毛的长短不同，颜色也很丰富，可以用来制作大衣。本书中把它裁剪成条状，用于礼服的装饰。

▶ p.23经典露肩礼服

● **针织面料**

具有很好的伸缩性。可选择的种类非常多，这里推荐使用比较容易缝制的双面针织面料、天竺棉和螺纹棉。

▶ p.13条纹过膝袜　p.23经典露肩礼服、白色过膝袜

● **圈圈绒**

由带有圈圈的纱线织成的布料。表面起圈，效果立体，触感柔软蓬松。即便是简单的设计，也能完成出彩的作品。

▶ p.21羊毛圈圈绒大衣

○ **其 他 材 料**

● **花边织带、镶边花边**

根据作品需要，选择不同宽度的花边。抽褶刺绣花边（图左）缝制有松紧带，形成抽褶效果，可以很好地贴合弧线。镂空蕾丝花边（图右）呈网状镂空，能够结合缎带一起使用。

镂空蕾丝花边结合缎带使用

把细缎带等间距地穿过镂空蕾丝花边的网状镂空部分。缎带比较软不太好穿的时候，可以使用圆头毛衣缝合针。

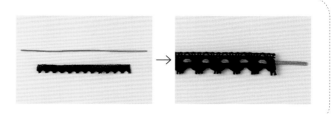

● **装饰配件**

除了花边，礼服上还会使用到各种装饰配件。在手工店之类的地方，能够找到一些好看有趣的装饰配件。装饰有立体玫瑰的蕾丝面料（图左），按照实际需要裁剪使用。既可以裁成细长条的带状，也可以一朵朵单独剪下来作为装饰。花朵亮片（图右）和缎带搭配使用更具华丽感。

● **仿羊毛线**

由尼龙或是涤纶加工而成。在本书p.09的华丽马头棒中，使用了not knot线制作流苏。这款线只需要绕线拉紧，不用打结也可以做到暂时固定。

p.13 爱丽丝经典连衣裙

实物大纸型　p.86
前片、衣领、后片、袖子、袖口布、裙子、荷叶边

● **材料**　＊布料尺寸：长×宽。

棉布（浅蓝色）…S：32cm×17cm，M：45cm×20cm，L：45cm×22cm
棉布（白色）…S：8cm×8cm，M、L：10cm×10cm
直径0.5cm的摁扣…2组

● **制作方法**

＊图中数字单位为厘米（cm）。
＊说明时使用了和实际作品不同的布料，并且选择了比较显眼的
　红色缝线，实际制作时需要选择和布料同色的缝线。

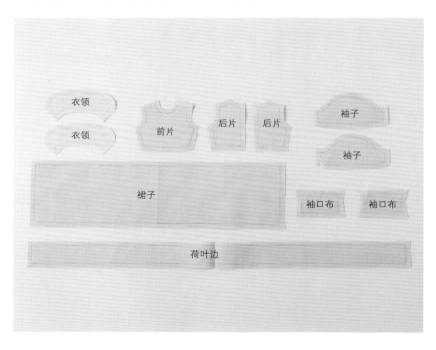

在白色棉布背面放置衣领纸型，裁剪衣领2片。浅蓝色棉布背面放置其他纸型，裁剪前片1片、后片左右对称各1片、袖子2片、袖口布2片、裙子1片和荷叶边1片。全部用锁边液做好防绽线处理。

缝制衣领

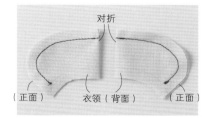

1　2片衣领分别正面相对对折，按图示车缝。

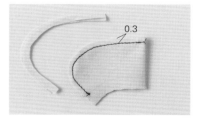

2　缝线外留0.3cm缝份，剪去多余部分。

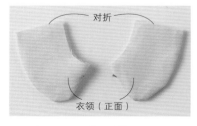

3　翻回正面，整理形状。

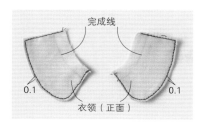

4 距衣领边缘0.1cm压缝一圈装饰线，用纸型画出完成线。

5 将前片与1片后片正面相对对齐，缝合肩部。

6 将前片与另一片后片正面相对对齐，缝合肩部。

7 打开肩部缝份。

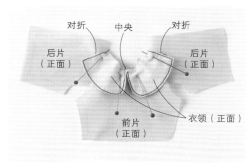

8 从前片领围线的中心点到后片端点，用珠针分别固定2片衣领。

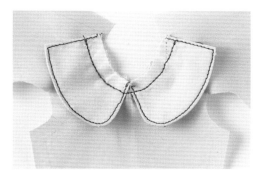

9 端至端缝合衣领。

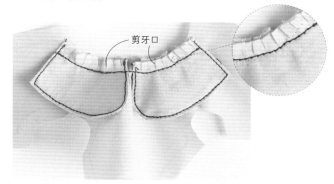

10 缝份剪牙口。

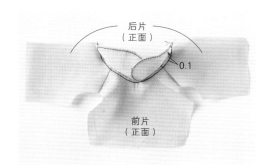

11 缝份倒向衣身。翻起衣领，在正面距领围线边缘0.1cm压缝装饰线，固定反面缝份。

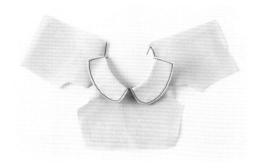

12 衣领部分完成。

缝制袖子

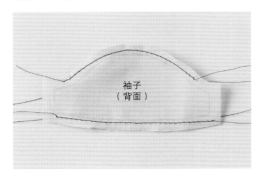

1　大针距车缝袖子上、下两边的缝份，两端都留出一定长度的缝线。

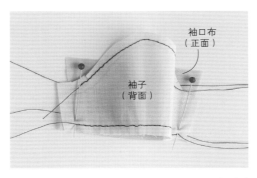

2　袖子弧线较为平缓的一边和袖口布正面相对对齐，用珠针固定两端和中心。

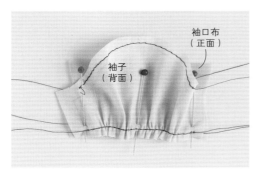

3　抽褶，使袖子宽度和袖口布一致。

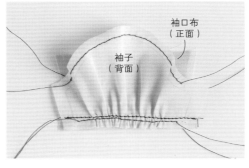

4　端至端进行缝合。

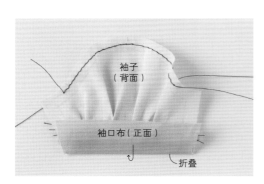

5　将袖口布的一半折向袖子背面。

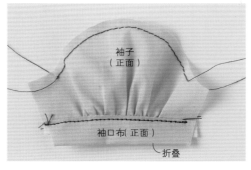

6　翻回正面，袖口布边缘压缝装饰线。用同样的方法缝制另一只袖子和袖口布。

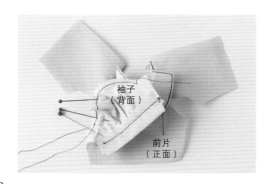

7

将袖子与前片袖窿正面相对对齐，用珠针固定肩线和袖山中点。前片袖窿与袖山的端点也用珠针固定。已固定部分进行抽褶。

要点

将袖山一半一半地进行抽褶缝合，会比较好操作，也更为美观。

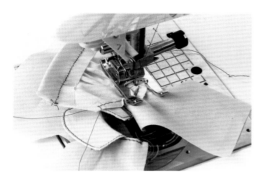

8 把珠针固定且抽褶完成的部分进行缝合。

9 袖子的一半与前片缝合完成。

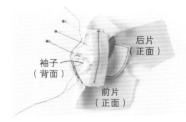

10 同步骤7，将袖子剩下的一半与后片袖窿用珠针固定并抽褶。

11 把珠针固定且抽褶完成的部分进行缝合。

12 同步骤7~11，缝合另一只袖子。左、右两只袖子缝合完成。

缝合侧边

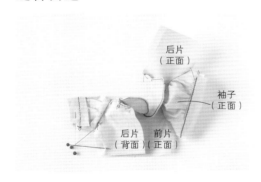

1 将前片与1片后片正面相对侧边对齐，用珠针固定。另一片后片也用同样的方法固定在前片上。

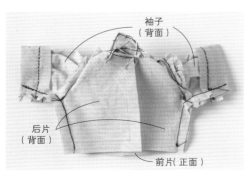

2 连续车缝袖下线、侧边线。

3 翻回正面。连衣裙衣身完成。

缝制荷叶边

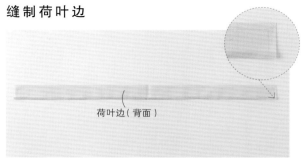

1 将荷叶边下侧的缝份折向背面。

2 在正面距边缘0.3cm端至端压缝装饰线，固定背面缝份。

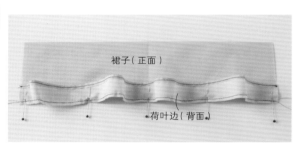

3 在荷叶边上侧完成线外0.3cm处大针距车缝，两端各留出一段缝线。

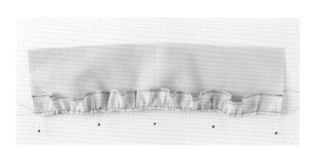

4 裙子下摆与荷叶边正面相对对齐，两端、中心及之间的间隔处用珠针固定。

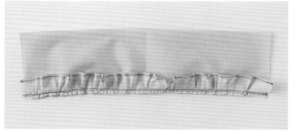

5 荷叶边抽褶，宽度缩至与裙子下摆一致。

6 端至端缝合。

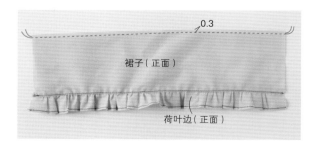

7
缝份倒向裙子，在正面压缝装饰线，固定背面缝份。大针距车缝裙子上侧缝份，两端各留出一段缝线。

缝合衣身和裙子

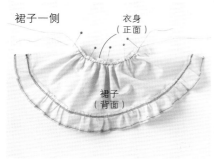

裙子一侧　衣身（正面）

裙子（背面）

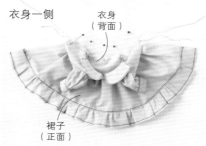

衣身一侧　衣身（背面）

裙子（正面）

1 将裙子和衣身正面相对对齐腰部，用珠针固定。裙子抽褶，宽度缩至与衣身一致。

> **要点**
>
> 珠针要从抽褶的一侧垂直于完成线固定，缝合的时候也是抽褶一侧在上进行缝合。

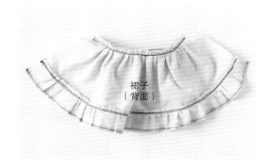

裙子（背面）

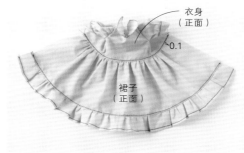

衣身（正面）
0.1
裙子（正面）

2 抽好褶的裙子一侧在上层，端至端缝合。

3 缝份倒向衣身部分，正面腰围压缝装饰线，固定背面缝份。

前片（背面）
对折
开口止缝点
裙子（背面）

（背面）

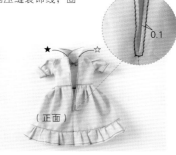

★　☆
（正面）
0.1

4 将连衣裙正面相对对折，从荷叶边底端开始，缝合至开口止缝点。

5 向两边打开缝份，开口止缝点以上的缝份向背面折叠。

6 翻回正面。从★处开始到☆处为止连续压缝装饰线。完成后背开口。

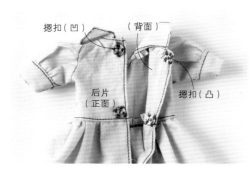

摁扣（凹）　（背面）
后片（正面）
摁扣（凸）

7 钉缝摁扣。需要先给娃娃试穿后再确定摁扣的位置。

8 爱丽丝经典连衣裙完成。

p.13　白色蕾丝围裙

实物大纸型　p.88
围裙、肩带、腰带、束带

● **材料**　＊布料尺寸：长×宽。

棉布（白色）…S：30cm×14cm，M、L：36cm×16cm
宽1.8cm的纯棉抽褶刺绣花边…S：40cm，M：50cm，L：55cm

● **制作方法**

＊图中数字单位为厘米（cm）。

＊说明时使用了和实际作品不同的布料，并且选择了比较显眼
　的红色缝线，实际制作时需要选择与布料和花边同色的缝
　线。

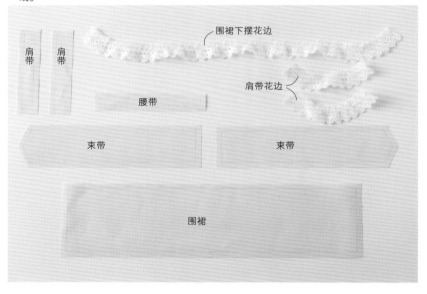

布料背面放置纸型，裁剪肩带2
片、腰带1片、束带2片、围裙
1片。全部用锁边液做好防绽线
处理。花边裁剪2条用于肩带部
分，尺寸分别是S：9cm，M：
10cm，L：12cm。剩下的用于
围裙下摆。

缝合肩带

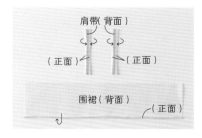

1　向布料背面折叠肩带左、右两侧和
　　围裙下侧的缝份。

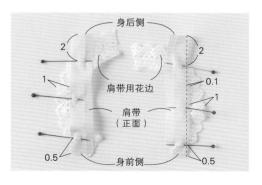

2
将肩带内侧的缝份打开。在
外侧缝份下方按图示用珠针
固定花边，端至端压缝装饰
线，固定背面缝份和花边。

> **要点**

固定花边时要先把肩带上、
下端的缝份都打开，使花边
呈现扇形曲线。

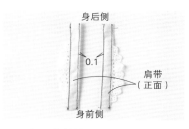

3 翻到背面，修剪掉超出缝份部分多余的花边。

4 修剪完成。

5 折回内侧缝份，夹住花边，在正面端至端压缝装饰线，固定背面缝份。

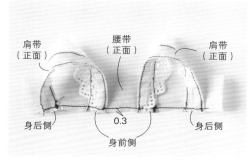

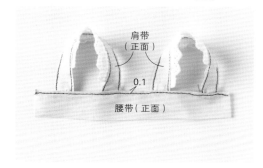

6 对应腰带的合印标记，正面相对对齐，放置两条肩带，距边缘0.3cm车缝，临时固定缝份。

7 缝份折向腰带背面，立起肩带。在腰带正面端至端压缝装饰线，固定背面缝份。

缝合围裙主体

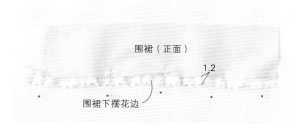

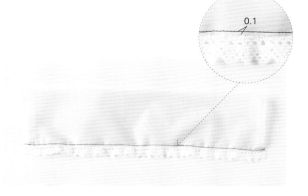

1 将围裙下侧缝份折向背面，在缝份下方端至端用珠针固定花边。

2 端至端压缝装饰线，固定背面缝份和花边。剪去花边多余部分。

3 向围裙背面折叠左、右两侧的缝份，端至端压缝。

4 大针距车缝围裙上侧缝份，两端各留出一段缝线。

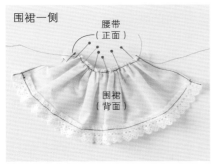

围裙一侧

腰带
（正面）

围裙
（背面）

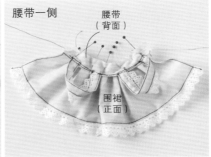

腰带一侧

腰带
（背面）

围裙
（正面）

5 围裙与腰带正面相对，腰带下侧完成线的两个端点和围裙两端对齐，均匀地别上珠针固定。围裙抽褶，宽度缩至与腰带一致。

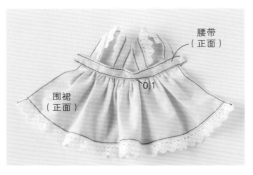

腰带
（正面）

围裙
（正面）

0.1

6 抽好褶的围裙一侧在上层，端至端缝合。

7 缝份倒向腰带部分，腰带下侧压缝装饰线，固定背面缝份。

缝合束带

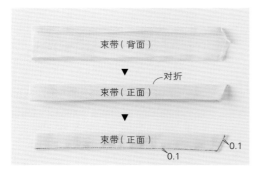

束带（背面）

▼ 对折

束带（正面）

▼

束带（正面）

0.1

1 将束带上、下两侧及斜边的缝份按图示折向背面，然后背面相对对折，边缘按图示压缝。

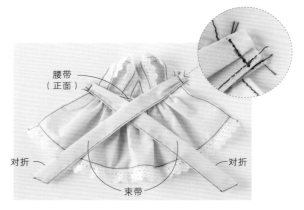

腰带
（正面）

对折

对折

束带

2 未压缝的一端打褶折叠，宽度缩至与腰带一致，分别固定至腰带的两端。

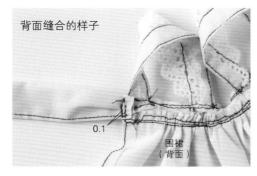

背面缝合的样子

0.1

围裙
（背面）

3 把束带和腰带左、右两端的缝份一起折向背面，正面压缝装饰线，固定背面缝份。

4 白色蕾丝围裙完成。

p.07 精灵抹胸裙

实物大纸型　p.85
前片、后片、侧面、里衬

● **材料**　＊布料尺寸：长×宽。

棉布（粉色）…S：18cm×10cm，M：20cm×12cm，L：20cm×14cm
六角网眼纱（粉色）…S：40cm×10cm，M：50cm×12cm，L：55cm×15cm
花边
　A 宽1.5cm的花边织带…S：5cm、M、L：7cm
　B 宽1.5cm的抽褶刺绣花边（白色）…S：5cm，M、L：6cm
　C 宽1cm的镶边花边（白色）…S：8cm，M：10cm，L：13cm
　D 宽3.3cm的抽褶刺绣花边（白色）…S：10cm，M、L：13cm
缎带
　E 宽0.3cm的缎带（粉色）…30cm
　F 宽0.3cm的缎带（彩虹色）…40cm
直径0.4cm的珍珠…4个
直径0.5cm的摁扣…2组

● **制作方法**

＊图中数字单位为厘米（cm）。
＊说明时使用了和实际作品不同的布料，并且选择了比较显眼的红
　色缝线，实际制作时需要选择与布料和花边同色的缝线。

在粉色棉布背面放置纸型，裁剪前片1片、侧
面左右对称各1片、后片左右对称各1片、里
衬1片。全部用锁边液做好防绽线处理。

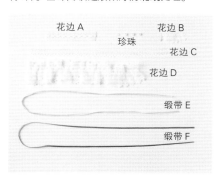

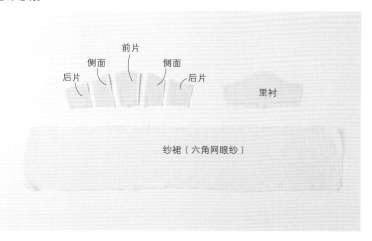

缝制抹胸衣身

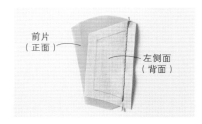

1 前片与左侧面正面相对对齐，端至
端缝合。

2 左侧面另一边与左后片正面相对对
齐，端至端缝合。

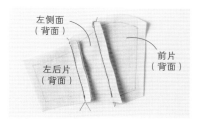

3 缝份全部倒向前一片。

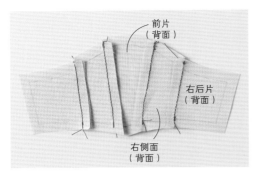

4 同步骤1~3，缝合前片与右侧面、右后片，缝份全部倒向前一片。

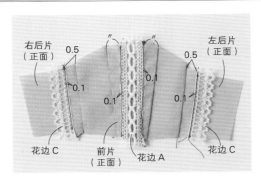

5 按图示，花边A缝制在前片中央；花边C剪成相同长度的2段，分别缝制于左、右后片距接缝0.5cm处。

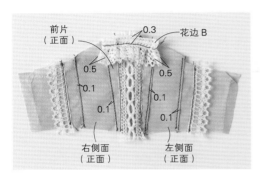

6 前片和左、右侧面距接缝0.1cm压缝装饰线。花边B两端分别内折0.5cm，临时固定于中间位置。

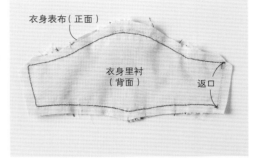

7 将步骤6完成的表布部分和里衬正面相对对齐，留一边作为返口，缝合其他各边。

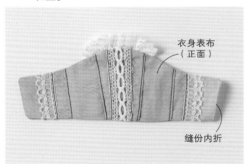

8 从返口翻回正面，返口处的缝份内折。

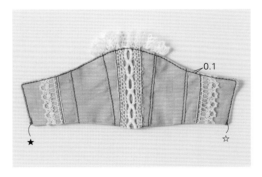

9 正面从★处到☆处压缝装饰线。

缝合纱裙

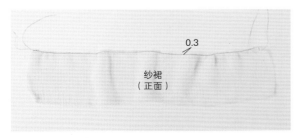

1 大针距车缝六角网眼纱的上侧，两端各留出一段缝线。

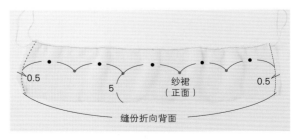

2 正面按长度五等分，在需要钉缝蝴蝶结的位置做好标记。左、右两侧0.5cm缝份折向背面。

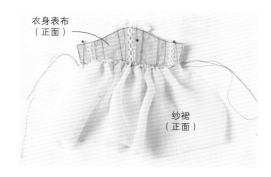

衣身表布
（正面）

纱裙
（正面）

3 把纱裙抽褶部分的针脚对齐放置于衣身下侧距边缘0.2cm处。衣身和纱裙左、右两端对齐，用珠针固定两端和中间。纱裙抽褶，宽度缩至与衣身一致。

4 端至端缝合。

0.1　折叠

花边 D

5 将花边D的一侧扇形边稍微内折，重叠于步骤4的缝线上压缝。

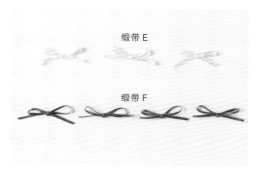

缎带 E

缎带 F

6 将缎带E、F都剪成10cm长的段，分别系成蝴蝶结。

两股缝线

平针缝

7 取两股缝线，从纱裙下端到钉缝蝴蝶结的位置，进行大针距的平针缝。

8 拉紧步骤7的缝线，形成褶皱，在标记处打结。

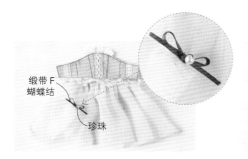

缎带 F
蝴蝶结

珍珠

9 把珍珠固定在缎带F蝴蝶结上，再把蝴蝶结钉缝到纱裙的标记处。

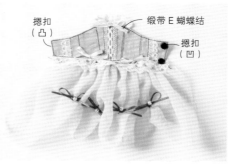

摁扣
（凸）

缎带 E 蝴蝶结

摁扣
（凹）

10 将缎带E蝴蝶结钉缝在前片的上方中央和左、右侧面的下方中央。在左后片的外侧和里衬的右侧钉缝摁扣。需要先给娃娃试穿后再确定摁扣的具体位置。精灵抹胸裙完成。

p.13 白色衬裤

实物大纸型　p.88

● **材料**　＊布料尺寸：长×宽。
棉布（白色）…S：20cm×7cm，M：22cm×10cm，L：23cm×13cm
宽1.8cm的纯棉抽褶刺绣花边…S：7cm 2根，M：11cm 2根，L：12cm 2根
宽0.3cm的平面松紧带…S、M、L：30cm

● **制作方法**
＊图中数字单位为厘米（cm）。
＊说明时使用了和实际作品不同的布料，并且选择了比较显眼的红色
　缝线，实际制作时需要选择与布料和花边同色的缝线。

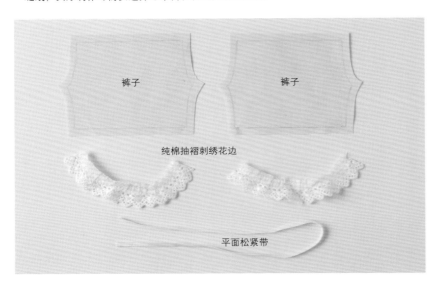

布料背面放置纸型，裁剪裤子2片。
全部用锁边液做好防绽线处理。

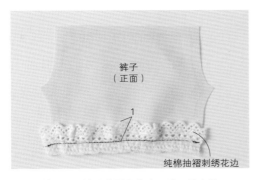

1　裤子正面裤脚处叠放花边，端至端车缝。

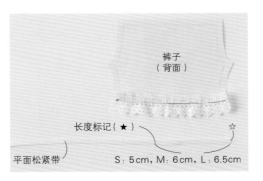

2　缝份倒向裤子背面。在平面松紧带上，按指定
　　的长度做好标记。

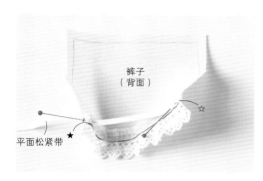 

3 把平面松紧带的一端（☆）和一个标记点（★）分别用珠针固定在裤子背面裤脚的左、右两端。

4 拉平平面松紧带，从☆处到★处车缝松紧带中心线。

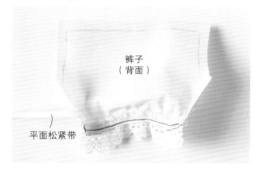 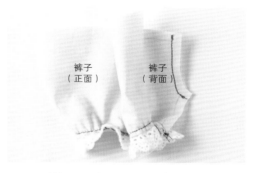

5 缝合完成。剪去多余的平面松紧带。用同样的方法，在另一片裤子上车缝花边和平面松紧带。

6 2片裤子正面相对对齐，缝合一侧股上线。打开缝份。

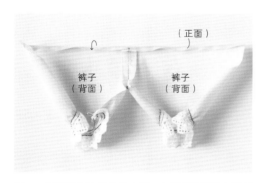 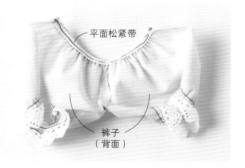

7 把裤子上边的缝份内折。在平面松紧带上做好长度标记，S：6cm，M、L：8cm。

8 同步骤3~5，在步骤7折好的缝份上固定、车缝平面松紧带。

 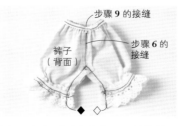 

9 裤子正面相对对齐，缝合步骤6相对的另一侧股上线，打开缝份。

10 正面相对对齐步骤6、9的接缝，从◆处到◇处缝合股下线。

11 白色衬裤完成。

p.13 条纹过膝袜

实物大纸型　p.93

● **材料**　＊布料尺寸：长×宽。

针织面料（黑白条纹）…S：12cm×10cm，M：14cm×12cm，L：14cm×14cm
厚卡纸…比纸型略大

● **制 作 方 法**

＊图中数字单位为厘米（cm）。
＊说明时使用了和实际作品不同的布料，并且选择了比较显眼的红
　色缝线，实际制作时需要选择和布料同色的缝线。

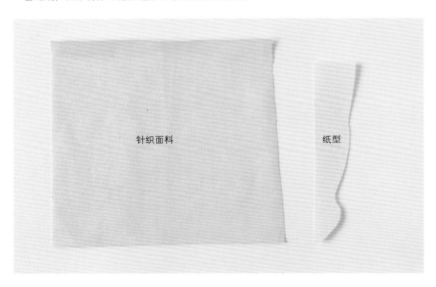

把纸型的复印件贴在厚卡纸上，沿
纸型裁剪厚卡纸，作为纸型。不需
要直接在布料上描画纸型。

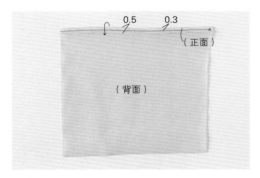

1　将布料上边向背面折叠0.5cm，端至端压缝。
　　可以不用回针。

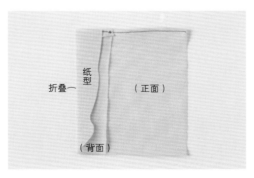

2　将布料左侧边折向中间线，正面相对。对齐上
　　边的缝线放置纸型。

3 直接沿着纸型边缘缝合，起缝处需要回针。

4 缝合过程中，手指压紧纸型，避免发生偏移。止缝处也需要回针。

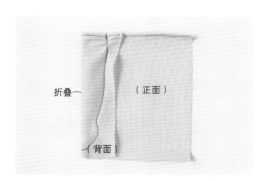

5 缝合完成。

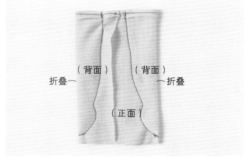

6 布料右侧边同样折向中间线，正面相对。对齐上边的缝线，将纸型翻面放置，同步骤**3**、**4**缝合。

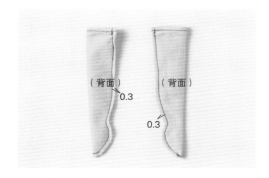

7 缝线外侧留0.3cm缝份，剪去多余部分。

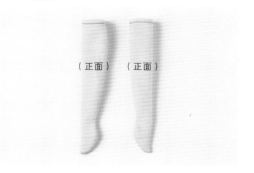

8 翻回正面。条纹过膝袜完成。

p.09 打褶工装裤

实物大纸型　p.95
裤子前片、裤子后片、肩带、荷叶边、贴边布

● **材料**　＊布料尺寸：长×宽。

棉布（印花花布）…S：30cm×20cm，M：40cm×24cm，L：42cm×28cm
直径0.5cm的摁扣…1组

● **制作方法**

＊图中数字单位为厘米（cm）。
＊说明时使用了和实际作品不同的布料，并且选择了比较显眼的红色缝线，
　实际制作时需要选择和布料同色的缝线

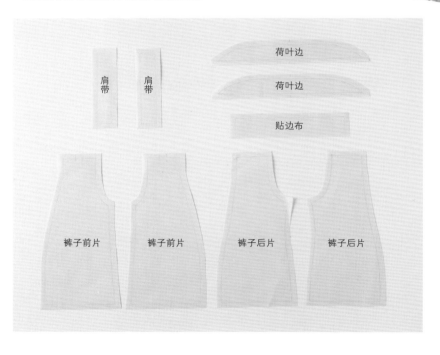

在布料背面放置纸型，裁剪肩带2片、荷叶边2片、贴边布1片、裤子前片左右对称各1片、裤子后片左右对称各1片。全部用锁边液做好防绽线处理。

制作肩带

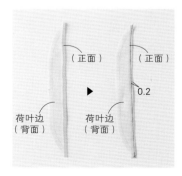

1 将荷叶边的直线边缝份折向背面，端至端压缝。

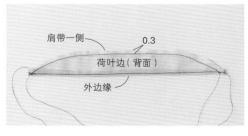

2 大针距车缝荷叶边的弧线边，两端各留出一段缝线。

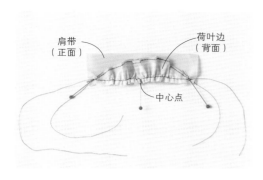

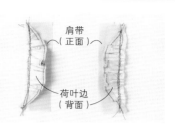

3 将肩带与荷叶边正面相对对齐，用珠针固定左、右两端和中心点。荷叶边抽褶，宽度缩至与肩带一致。

4 荷叶边在上层，端至端缝合。

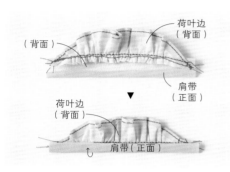

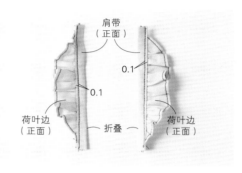

5 缝份倒向肩带一侧，将肩带另一侧边向背面三折包住缝份。

6 将荷叶边翻至正面，肩带边缘压缝装饰线。这一面就是肩带的正面。

缝制裤子

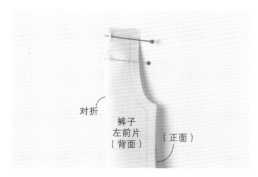

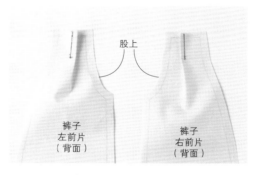

1 裤子前片正面相对对折，对齐打褶的记号点，用珠针固定。

2 在打褶线上车缝，缝份倒向股上线一侧。完成打褶。

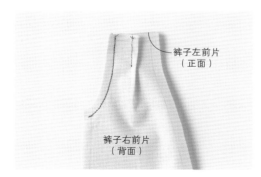

3 2片裤子前片正面相对对齐，缝合股上线，包括上侧腰部缝份。

4 裤子右前片和裤子右后片正面相对对齐，缝合侧边，包括上侧腰部缝份。

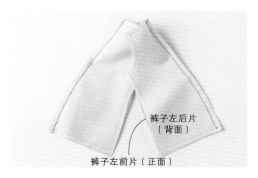

5 同步骤**4**，将裤子左前片和裤子左后片正面相对对齐，缝合侧边，包括上侧腰部缝份。

6 把步骤3~5缝合部分的缝份全部打开。

缝合肩带

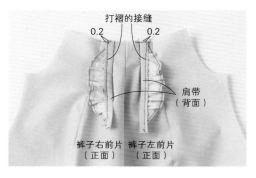

1 将肩带与裤子前片正面相对，按图示对齐打褶位置，假缝临时固定。

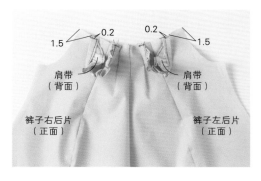

2 按图示，将肩带另一端对齐裤子后片的合印标记，同样假缝临时固定。

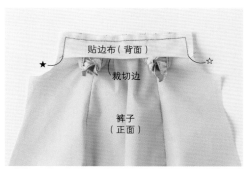

3 贴边布（有缝份的一侧）与腰部正面相对对齐，从★处到☆处缝合。

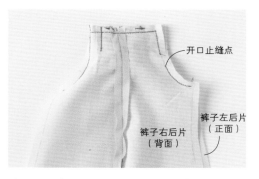

4 2片裤子后片正面相对对齐，缝合股上线至开口止缝点。

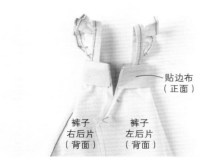

贴边布
（正面）

裤子
右后片
（背面）

裤子
左后片
（背面）

5 打开股上线的缝份，把贴边布翻回正面。

裤子左前片
（正面）

裤子
右前片
（背面）

裤子
右后片
（背面）

裤子左后片
（正面）

0.2

0.2

6 将裤子裤脚缝份折向背面，端至端压缝固定。

裤子右后片
（背面）

裤子左后片
（背面）

连续缝合

7

分别把裤子左前片和左后片、裤子右前片和右后片正面相对对齐，从一端裤脚至另一端裤脚，连续缝合股下线。

┌─────────┐
│ **要点** │
└─────────┘

将裤子前片和裤子后片的股上线接缝对齐，用珠针固定，以免布料发生偏移。

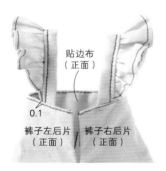

贴边布
（正面）

0.1

裤子左后片
（正面）

裤子右后片
（正面）

8 翻回正面，腰部压缝装饰线。

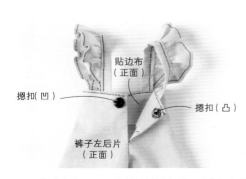

贴边布
（正面）

摁扣（凹）

摁扣（凸）

裤子左后片
（正面）

9 钉缝摁扣。需要先给娃娃试穿后再确定摁扣的
具体位置。

10 打褶工装裤完成。

p.25 闪亮泡泡裙

实物大纸型　p.94
衣身、裙子底布前片、裙子底布后片、罩裙

● **材料**　＊布料尺寸：长×宽。

山东绸（红色）… S：30cm×17cm，M：40cm×23cm，L：46cm×26cm
六角网眼纱（红色）… S：35cm×13cm，M：45cm×15cm，L：50cm×18cm
黏合衬… S、M、L：12cm×12cm
直径0.5cm的摁扣…2组

● **制作方法**

＊图中数字单位为厘米（cm）。
＊说明时使用了与实际作品颜色不同的布料和黏合衬，并且选择了
　比较显眼的红色缝线，实际制作时需要选择和布料同色的缝线。

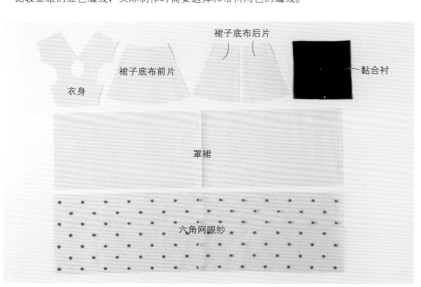

在山东绸背面放置纸型，裁剪衣身1片、裙子底布前片1片、裙子底布后片左右对称各1片、罩裙1片。全部用锁边液做好防绽线处理。

缝制衣身

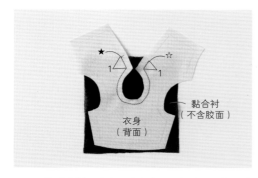

1　将黏合衬不含胶面和衣身正面相对，沿领围线从★处到☆处缝合。

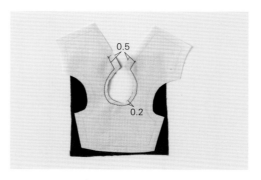

2　领围线留出0.2cm缝份，剪去多余的布料和黏合衬。

3 与衣身重合部分缝线外留出1cm，剪去多出的黏合衬。

4 完成。剪下的黏合衬先放在一边。

5 将黏合衬折向衣身背面，包住领围线缝份，熨烫黏合。

6 将剪去的黏合衬不含胶面和衣身袖窿正面相对，缝合。

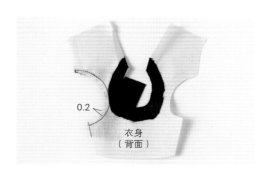

7 同步骤**2**，留出0.2cm缝份，剪去多余的布料和黏合衬。

8 与衣身重合部分缝线外留出1cm，剪去多出的黏合衬。

9 将黏合衬折向衣身背面，包住袖窿缝份，熨烫黏合。

10 另一侧的袖窿同步骤**6~9**，缝合、熨烫黏合衬。

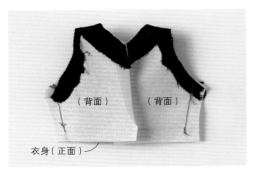

11 衣身正面相对，对齐两侧边，缝合。缝合包括袖窿缝份。

12 打开侧边缝份。衣身完成。

缝制裙子

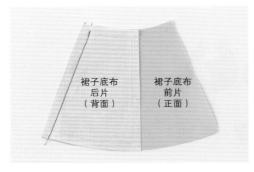

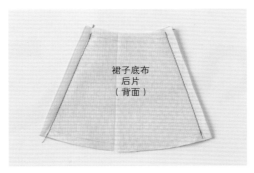

1 将裙子底布前片和1片裙子底布后片正面相对对齐，缝合侧边。缝合包括裙摆缝份。

2 另一片裙子底布后片同样与裙子底布前片正面相对，同步骤1缝合侧边。

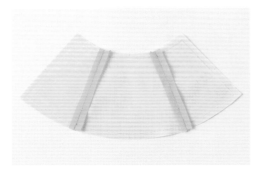

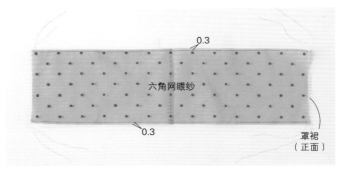

3 打开侧边缝份。完成裙子底布。

4 在罩裙正面重叠六角网眼纱，上、下两边2片一起大针距车缝，两端各留出一段缝线。

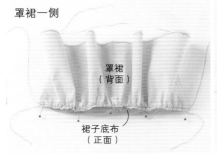

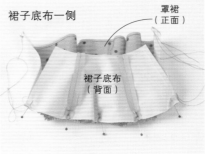

5
罩裙和裙子底布正面相对，用珠针分别固定裙摆两端和中心点。裙子底布的接缝和罩裙的合印标记对齐，也用珠针固定。罩裙抽褶，宽度缩至与裙子底布一致。

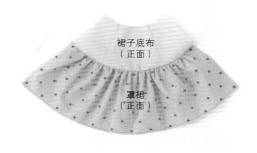

6 抽好褶的罩裙一侧在上层，端至端缝合。

7 打开缝合的裙子，缝份倒向裙子底布。

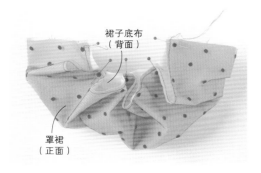

8
把罩裙和裙子底布背面相对，用珠针固定腰围两端和中心点，裙子底布的接缝和罩裙的合印标记对齐，也用珠针固定。

9 罩裙抽褶，宽度缩至与裙子底布一致。

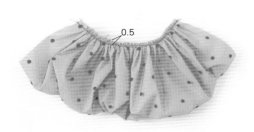

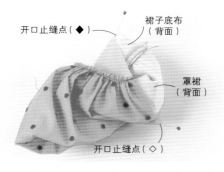

10 抽好褶的罩裙一侧在上层，距边缘0.5cm端至端缝合。

11 分别把裙子底布和罩裙两侧边正面相对，在开口止缝点别上珠针。

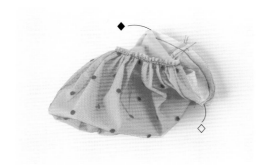

12 缝合两个止缝点之间的部分（从◆处到◇处）。

13 裙子缝制完成。

缝合衣身和裙子

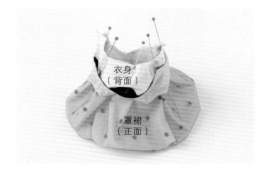

衣身
（背面）

罩裙
（正面）

1

罩裙与衣身正面相对对齐腰部，用珠针固定两端和中心点。其他部分也均匀地用珠针固定。

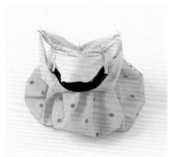

2

衣身在上层，端至端缝合，缝份倒向衣身部分。

3

开口止缝点裙子的缝份剪出剪口。

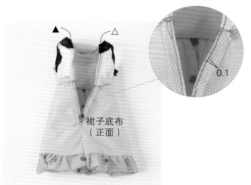

▲ △

裙子底布
（正面）

0.1

4

将裙子开口止缝点以上的缝份和衣身缝份内折，从▲处到△处压缝。

> **要点**
>
> 缝合到开口止缝点时，注意不要把裙子夹进去。

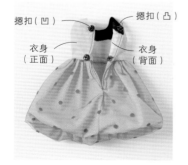

摁扣（凹） ── 摁扣（凸）

衣身
（正面） ── 衣身
（背面）

5

钉缝摁扣。需要先给娃娃试穿后再确定摁扣的具体位置。

6

闪亮泡泡裙完成。

具体制作与纸型

———

＊书中所标明的材料尺寸是大致尺寸。使用手上现有的布料时，需要先把纸型都在布料上排列开，以确认布料尺寸是否足够。如果是购买新的布料，则需要先确定所做作品中长度最长的纸型，以此长度作为标准购买布料。

＊每个作品的纸型在布料上如何排版裁剪，可以在日本文艺社的网站上找到具体的图示。网址：http://sp.nihonbungeisha. co.jp/dolloutfit/。

＊图中数字单位为厘米（cm）。

＊除了用作抽褶的大针距车缝外，其他的起缝处和止缝处都需要回针。在缝合一周的情况下，要重叠起缝处和止缝处的针脚。

＊使用和布料同色的缝线。

＊纸型使用不同颜色来区分尺寸大小。可以直接复印后剪下使用。确定好要制作作品的尺寸后，按照需求复印一至两份图纸备用。

使 用 材 料 与 制 作 方 法

p.07

网纱裙撑

● **材料** ＊布料尺寸：长×宽。

六角网眼纱

A（粉色，带爱心花纹）…
S：60cm×10cm，M：70cm×14cm，L：70cm×20cm

B（粉色）…
S：60cm×5cm，M：70cm×7cm，L：70cm×10cm

C（浅蓝色）…
S：60cm×22cm，M：70cm×31cm，L：70cm×40cm

棉布（粉色）…S、M、L：15cm×3cm

宽0.3cm的平面松紧带…S、M、L：15cm

● **制作方法**

1 重叠六角网眼纱缝合。

①把六角网眼纱C按图示折叠。

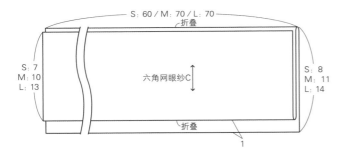

②将六角网眼纱A花纹朝外对折。六角网眼纱按C、B、A的顺序重叠，大针距车缝上侧，两端各留出一段缝线。

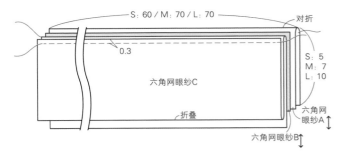

2 缝制腰带。

①棉布左、右两端各向背面折叠0.5cm，压缝。

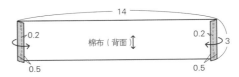

②棉布折出中心线，上、下两边也各向背面折叠0.5cm，作为腰带。

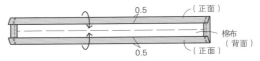

③同p.44"缝合围裙主体"的步骤**5**，按图示把腰带和六角网眼纱A一侧正面相对对齐。拉紧六角网眼纱上侧缝线抽褶，宽度缩至与腰带（14cm）一致。六角网眼纱左、右两端各内折0.5cm，距上侧边缘0.5cm端至端缝合。

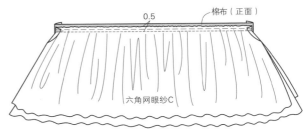

④沿着步骤②的中心线折痕，把腰带折向六角网眼纱C，以藏针缝缝合。这一面就是裙撑的背面。

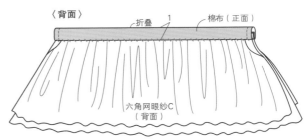

⑤避开其他的六角网眼纱，选择正面最外侧的1片六角网眼纱A，正面相对两端对齐，按图示缝合至开口止缝点。再用同样的方法分别缝合剩下的六角网眼纱A、B、C（可以2片同时缝合）。

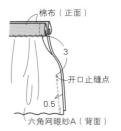

p.07

粉色衬裤

实物大纸型　p.85

● **材料**　＊布料尺寸：长×宽。

棉布（粉色）…
　S：18cm×6cm，M：22cm×7cm，L：24cm×8cm
宽1.8cm的镶边花边…
　S：9cm 2根，M：11cm 2根，L：12cm 2根
宽0.3cm的平面松紧带…S、M、L：30cm

● **制作方法**

1　**裁剪布料。**

　在棉布背面放置纸型，裁剪裤子2片。用锁边液做好防绽线处理。

2　**制作衬裤。**

　按p.48"白色衬裤"的制作步骤进行制作。

p.11

泡泡袖少女连衣裙

实物大纸型　p.86
前片、后片、衣领、袖子、袖口布、裙子、荷叶边

● **材料**　＊布料尺寸：长×宽。

棉布（印花花布）…
　S：32cm×17cm，M：45cm×20cm，L：45cm×22cm
棉布（红色）…
　S：7cm×6cm，M、L：8cm×7cm
直径0.5cm的摁扣…2组

● **制作方法**

1　**裁剪布料。**

　①在印花棉布背面放置纸型，裁剪前片1片、后片左右对称各1片、袖子2片、袖口布2片、裙子1片、荷叶边1片。全部用锁边液做好防绽线处理。

　②在红色棉布背面放置纸型，裁剪衣领2片，用锁边液做好防绽线处理。

2　**缝制裙子。**

　按p.36"爱丽丝经典连衣裙"的制作步骤进行制作。

3　**完成。**

　腰带部分穿入平面松紧带。需要先给娃娃试穿后确定具体的长短再剪去多余部分。平面松紧带两端重叠1cm，车缝两次加固固定。

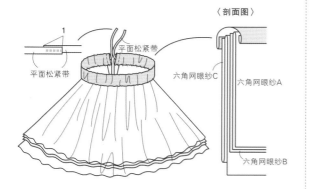

〈剖面图〉

1
平面松紧带
平面松紧带
六角网眼纱C
六角网眼纱A
六角网眼纱B

p.11

复古围裙

实物大纸型　p.87

前片、荷叶边、肩带、束带

● **材料**　＊布料尺寸：长×宽。

棉布（红色格子色织布）…

　S：10cm×6cm，M、L：12cm×10cm

棉布（红色小格子色织布）…

　S：15cm×10cm，M：18cm×13cm，L：

　20cm×15cm

棉布（红色）…

　S：30cm×20cm，M、L：40cm×30cm

黏合衬…

　S：10cm×5cm，M、L：12cm×6cm

宽0.4cm的缎带（红色）…12cm2根

● **制作方法**

1　**裁剪布料。**

　①在红色格子色织布背面放置纸型，裁剪前片1片。

　②在红色小格子色织布背面放置纸型，裁剪肩带2片、荷叶边1片。

　③在红色棉布背面放置纸型，裁剪束带2片。另外再裁剪1片斜纹布，即S：26cm×1.6cm，M：36cm×1.6cm，L：42cm×1.6cm。

　④全部用锁边液做好防绽线处理。

2　**前片缝合荷叶边。**

　①荷叶边正面外侧沿曲线大针距车缝，两端各留出一段缝线。

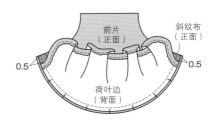

②拉紧上线抽褶，向布料背面折出缝份。整理好边缘曲线后，端至端压缝。

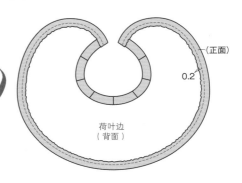

荷叶边
（背面）

（正面）

0.2

③将斜纹布背面相对对折，按图示缝合在前片正面下摆处。

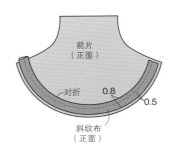

前片
（正面）

对折　0.8

0.5

斜纹布
（正面）

④将荷叶边与前片按图示正面相对对齐缝合。前片两端各预留0.5cm，缝份倒向前片。

前片
（正面）

斜纹布
（正面）

0.5　　0.5

荷叶边
（背面）

3　**缝合黏合衬贴边。**

　①步骤2完成后，正面和黏合衬不含胶面相对，沿前片完成线缝合。

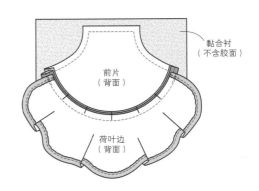

黏合衬
（不含胶面）

前片
（背面）

荷叶边
（背面）

②按图示沿前片边缘剪去多余的黏合衬。

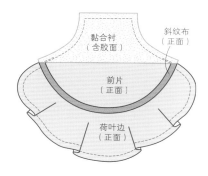

③把黏合衬折向前片背面，用熨斗加热黏合。为了避免黏合衬从正面边缘露出来，折叠时内缩0.1cm。

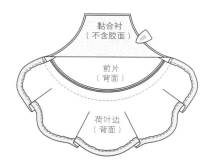

4 缝合肩带和束带。

①将肩带左、右两侧的缝份折向背面，对折后端至端压缝。

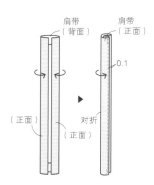

②将束带缝份折向背面，对折后端至端压缝。

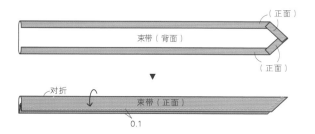

③在前片背面按图示固定两根肩带，前片沿边缘压缝一周。

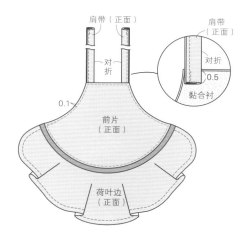

④对齐前片与荷叶边的接缝，固定束带和肩带的另一端。先用手缝固定，再往返车缝几次加固。

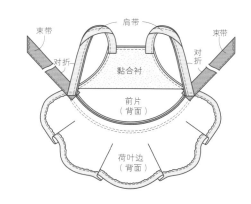

⑤将缎带系成蝴蝶结，钉缝在喜欢的位置。

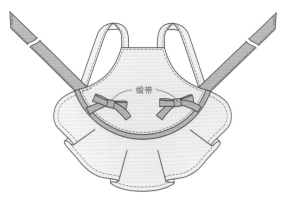

p.11
厨房隔热手套

实物大纸型　p.87

● **材料**　＊布料尺寸：长×宽。

手套主体　棉布（红色小格子色织布）…S：6cm×5cm，M、
　L：8cm×6cm
手套口　棉布（红色）…S：6cm×3cm，M、L：8cm×3cm
黏合衬…7cm×5cm
宽0.4cm的缎带（红色）…12cm

● **制作方法**

1　**缝合手套主体和手套口。**

①在手套主体所用的格子布背面贴上黏合衬。

②下侧向背面折叠0.5cm。

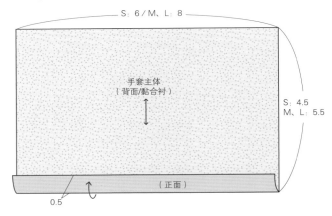

S：6／M、L：8

手套主体
（背面/黏合衬）

S：4.5
M、L：5.5

（正面）

0.5

③将手套口所用的红色棉布背面相对对折，按图示
放置于手套主体背面并缝合。

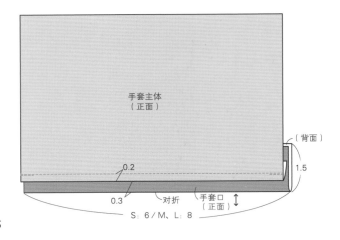

手套主体
（正面）

（背面）

0.2

1.5

0.3　　对折　　手套口
（正面）

S：6／M、L：8

2　**描画纸型后缝合。**

①将步骤1完成的部分正面相对对折，放置纸型描好
完成线并缝合。

（正面）

对折

手套主体
（背面/黏合衬）

手套口（正面）

②缝线外侧留出0.5cm缝份，剪去多余部分，凹
处剪出牙口。

0.5

手套主体
（背面/黏合衬）

手套口（正面）

③将手套翻回正面，整理形状。将缎带系成蝴蝶结，
钉缝在喜欢的位置。

（正面）

钉缝　　　　缎带

p.09
花边立领衬衣

实物大纸型　p.86
前片、后片、袖子、袖口布

● **材料**　＊布料尺寸：长×宽。

全棉巴厘纱（白色）…
　S：25cm×10cm，M、L：30cm×12cm
宽1.4cm的抽褶刺绣花边（白色）…
　S：14cm，M、L：15cm
直径0.5cm的摁扣…2组

● **制作方法**

1　裁剪布料。

在全棉巴厘纱背面放置纸型，裁剪前片1片、
后片左右对称各1片、袖子2片、袖口布2片。
全部用锁边液做好防绽线处理。

2　缝合前、后片。

①同p.37"缝制衣领"的步骤**5、6**，缝合前、
后片的肩线。

②将抽褶刺绣花边与缝合后的前、后片领围
线正面相对对齐，缝合。

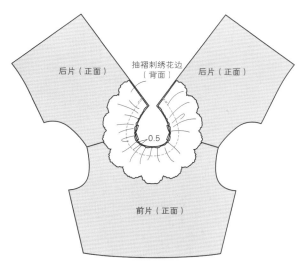

③同p.37"缝制衣领"的步骤**10、11**，缝份剪牙口，
倒向前、后片背面。

④将后片开口处缝份折向背面，领围线端至端压缝
装饰线。

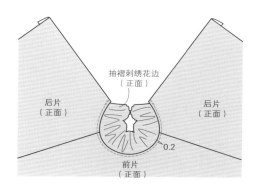

3　缝合袖子和侧边。

同p.38的"缝制袖子"、p.39的"缝合侧边"，缝
制衬衣的袖子并缝合侧边。

4　完成。

①将下摆的缝份折向背面，正面压缝一圈。

②同p.41"缝合衣身和裙子"的步骤**7**，钉缝摁扣。

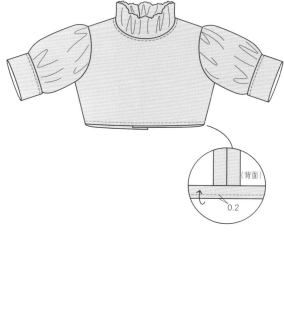

p.09
华丽马头棒

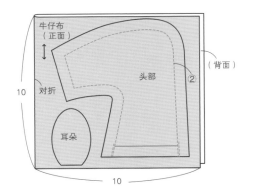

实物大纸型　p.85
头部、耳朵

● 材料　＊布料尺寸：长×宽。

牛仔布（浅蓝色）…20cm×10cm
宽3.5cm的镂空蕾丝花边（白色）…10cm
宽1.5cm的镶边花边（白色）…10cm
宽0.5cm的缎带…10cm
宽1cm的金属镶边缎带（白色）…40cm
宽0.3cm的皮绳（粉色）…A 7cm、B 4cm、C 28cm
立体蕾丝花（白色）…4朵，大小随意
缎带配饰（白色）…2个，样式随意
花朵配饰（粉色）…1个，样式随意
直径0.6cm的扣子（米黄色）…2个
直径0.6cm的扣子（蓝色）…4个
直径0.5cm的玩偶眼睛（黑色）…2个
25号刺绣线（茶色、浅蓝色）…适量
仿羊毛线（浅蓝色）…适量
6号棒针（单头木制）…1根
丙烯颜料（白色）…适量
手工用黏合剂…适量
化纤填充棉…适量
厚卡纸…边长4cm的正方形

● 制作方法

1 描画纸型后缝合。

①将牛仔布对折，在上面放置纸型，描画头部和耳朵。

②按图示车缝头部完成线。

③裁剪头部和耳朵，用锁边液做好防绽线处理。

④取6股茶色刺绣线，在步骤②车缝的针脚上大针距压缝装饰线。

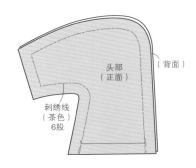

2 制作流苏。

①用浅蓝色刺绣线在厚卡纸上绕10圈。

②抽走厚卡纸，正中间用仿羊毛线绕紧扎牢。将刺绣线的上、下线环剪开。

③将扎好的刺绣线对折，距对折端0.5cm处用仿羊毛线绕紧扎牢。流苏完成。一共需要制作12个。

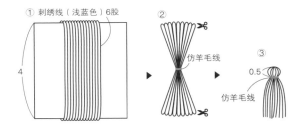

3 固定耳朵和配饰。

①从头部下方开口处塞入化纤填充棉。棒针先用丙烯颜料涂成白色，然后从开口处插入。开口处的缝份内折，用手工用黏合剂黏合固定。

②将耳朵对折，加上扣子（米黄色）钉缝在头部合适的位置。在头部另一面同样的位置，钉缝另一只耳朵。

③将玩偶眼睛用手工用黏合剂粘贴在头部合适的位置。在另一面同样的位置也粘贴玩偶眼睛。把缎带穿过镂空蕾丝花边的网状镂空部分（参照p.35"镂空蕾丝花边结合缎带使用"），用手工用黏合剂粘贴在头部下方。两端多余的部分内折黏合。

④镶边花边也使用手工用黏合剂重叠粘贴在镂空蕾丝花边上，两端多余的部分同样内折黏合。两种花边下端稍微错开。

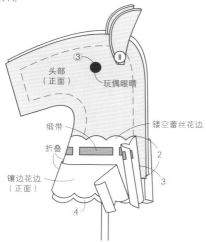

⑤头顶钉缝2个流苏，头后部钉缝4个流苏。另一面相同。

⑥在喜欢的位置，用手工用黏合剂粘贴2朵立体蕾丝花和1个缎带配饰。另一面相同。

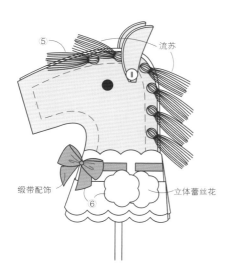

⑦按图示，将皮绳A绕一周，两端重叠，用手工用黏合剂粘贴。皮绳B在距皮绳A1.5cm处粘贴固定。皮绳C的一端固定在皮绳A上，压在皮绳B上并与皮绳B粘贴固定，绕过头后部，在另一面同样粘贴固定。

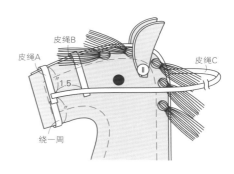

⑧在皮绳C与皮绳A、皮绳B的粘贴位置钉缝蓝色扣子。

⑨将金属镶边缎带系成蝴蝶结，中间打结处粘贴花朵配饰，再用手工用黏合剂固定在某一面合适的位置，把垂下来的缎带稍加整理，弯出漂亮的曲线即可。

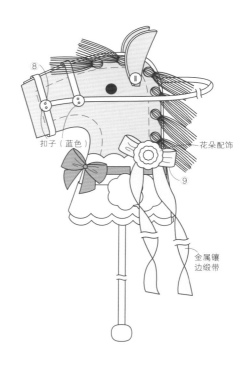

p.15
六片式连衣裙

实物大纸型　p.89
衣身、前侧面、后侧面

● **材料**　＊布料尺寸：长×宽。

棉布（印花花布）…
　S：20cm×20cm，M：30cm×30cm，L：35cm×35cm
黏合衬…S、M、L：10cm×10cm
直径0.5cm的揿扣…2组

● **制作方法**

1　裁剪布料。

在棉布背面放置纸型，裁剪衣身1片、前侧面2片、后侧面2片。全部用锁边液做好防绽线处理。

2　缝合衣身和前、后侧面。

①衣身前侧和1片前侧面正面相对对齐，缝合。

②缝合后的弧线部分缝份剪牙口。

③衣身后侧和1片后侧面正面相对对齐，缝合。

④缝合后的弧线部分缝份剪牙口。

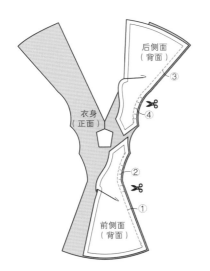

⑤同步骤①~④，缝合衣身和另一片前侧面、另一片后侧面。

⑥缝份全部倒向衣身。

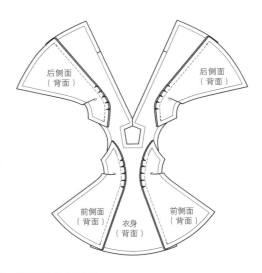

3　缝制黏合衬贴边。

①按图示将衣身正面和黏合衬不含胶面相对，缝合领围线一圈。

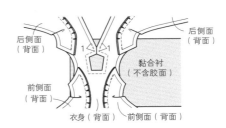

②按图示裁剪黏合衬，领围线四个内角剪出牙口。

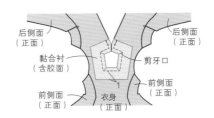

③将黏合衬折向衣身背面，用熨斗熨烫黏合。为了避免黏合衬从正面边缘露出来，折叠时内缩0.1cm。

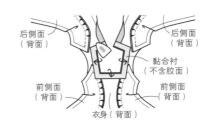

④将剪剩下的黏合衬对半剪开，同步骤①，与衣身
袖隆对齐缝合。

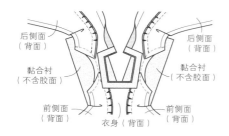

⑤按图示裁剪黏合衬，剪出牙口。

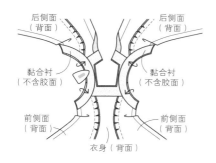

⑥将黏合衬折向衣身背面，同步骤③，熨烫黏合。

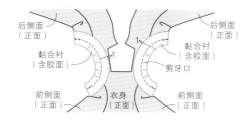

4 **完成。**

①衣身后侧正面相对对折，缝合至开口止缝点。
打开缝份。

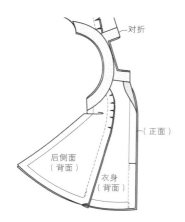

②领围线至开口止缝点沿边缘压缝装饰线。两个袖
隆也分别端至端压缝。

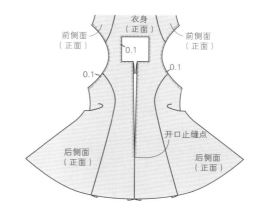

③将前、后侧面正面相对对齐，分别缝合两侧边。

④步骤③缝合后的弧线部分缝份剪牙口。打开缝份。

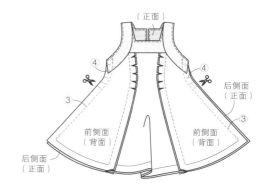

⑤下摆缝份折向背面，压缝一周。

⑥背后开口部分，按图示钉缝摁扣。需要先给娃娃
试穿后再确定摁扣的具体位置。

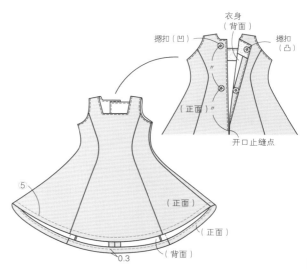

黑色礼服

实物大纸型　p.85
前片、后片、侧面、里衬

● **材料**　＊布料尺寸：长×宽。

提花面料（黑色）…
　S：18cm×5cm，M：20cm×7cm，L：22cm×8cm
棉布（黑色）…
　S：12cm×5cm，M、L：14cm×7cm
蕾丝面料（黑色）…
　S：16cm×7cm 2片，M：21cm×9.5cm2片，
　L：24cm×11.5cm 2片
花边
　A 宽0.7cm的立体蕾丝花边织带（黑色）…
　　S：12cm，M、L：16cm
　B 宽1.5cm的抽褶刺绣花边（白色）…
　　S：4cm，M、L：6cm
　C 宽1.3cm的抽褶刺绣花边（黑色）…
　　S：5cm，M、L：6cm
　D 镶边花边（黑色，镶有金银丝）…
　　S：宽2cm×20cm，M、L：宽3cm×24cm
　E 镶边花边（黑色）…
　　S：宽4cm×20cm，M、L：宽6cm×24cm
宽1.7cm的蕾丝缎带（黑色）…7cm 4根
宽0.2cm的缎带（黑色）…15cm 4根
直径约1.6cm的花朵亮片…4片
装饰有立体玫瑰的蕾丝面料（黑色，裁剪一排完整的花朵）…
　S：32cm，M：42cm，L：48cm
直径0.5cm的摁扣…2组

● **制作方法**

1 **裁剪布料。**

在提花面料背面放置纸型，裁剪前片1片、后片2片、侧面2片。在棉布背面放置纸型，裁剪里衬1片。全部用锁边液做好防绽线处理。

2 **缝制衣身。**

①按p.45、46"缝制抹胸衣身"的步骤**1~4**进行缝制。

②在左、右后片上分别装饰花边C。

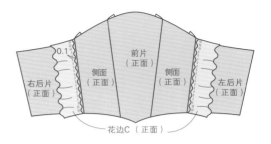

③按p.46"缝制抹胸衣身"的步骤**6~8**进行缝制。

④按图示在正面对齐花边A、花边B，从★处车缝至☆处。固定花边A的缝线要车缝在花边的中间。

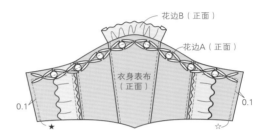

3 **缝合纱裙。**

①同p.46"缝合纱裙"的步骤**1**，大针距车缝蕾丝面料的上侧，两端各留出一段缝线。

②左、右两端分别向背面折叠1cm。同p.47"缝合纱裙"的步骤**3**、**4**，2片蕾丝面料左右对称与衣身下侧重叠缝合。

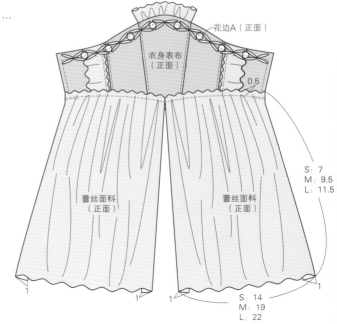

③花边D与花边E按图示重叠，大针距车缝上侧，两端各留出一段缝线。

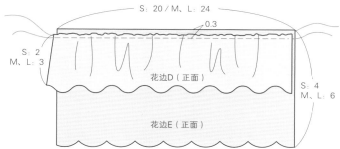

④同步骤②，将花边D、花边E车缝固定到蕾丝面料上。

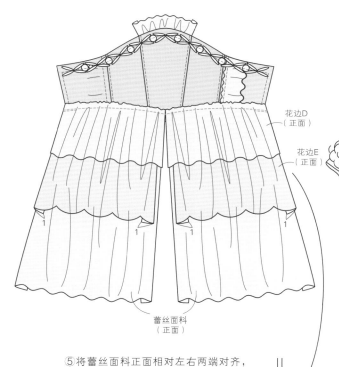

⑤将蕾丝面料正面相对左右两端对齐，从下摆开始缝合至开口止缝点。

开口止缝点

蕾丝面料（背面）

S：5.5
M：6
L：6.5

1

蕾丝面料（正面）

4 装饰完成。

①将蕾丝缎带按图示折叠，中间系紧，装饰上系成蝴蝶结的缎带和花朵亮片。一共制作4个，钉缝在礼服的合适位置。

②装饰有立体玫瑰的蕾丝面料裁剪一排完整的花朵，按图示重叠对齐纱裙下摆，缝合。

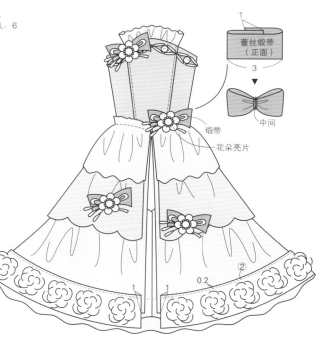

③同p.47"缝合纱裙"的步骤**10**，钉缝摁扣。

p.17
超长蕾丝裙

● **材料** ＊布料尺寸：长×宽。

提花面料（黑色）…
　S：45cm×10cm，M：55cm×14cm，L：65cm×17cm
六角网眼纱（黑色，带圆点花纹）…
　S：85cm×10cm 2片，M：95cm×14cm 2片，
　L：105cm×17cm 2片
棉布（黑色）…S、M、L：15cm×5cm
宽0.3cm的平面松紧带…S、M、L：15cm

● **制作方法**

1　**准备提花面料和六角网眼纱。**

①提花面料四周用锁边液做好防绽线处理，大针距车缝上侧，两端各留出一段缝线。六角网眼纱也是大针距车缝上侧，两端各留出一段缝线。

②提花面料下侧向背面折叠0.5cm，压缝。

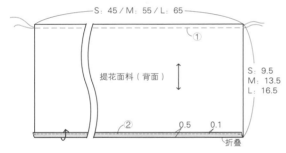

2　**缝制腰带。**

①棉布左、右两端各向背面折叠0.5cm，压缝。

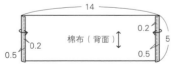

②棉布折出中心线，上、下两边分别向背面折叠0.5cm，作为腰带。

③同p.44"缝合围裙主体"的步骤**5**，按图示将腰带与重叠的提花面料和六角网眼纱正面相对，提花面料和六角网眼纱分别抽褶，宽度缩至与腰带一致。提花面料和六角网眼纱左、右两端各内折0.5cm，距上侧边缘0.5cm端至端车缝。

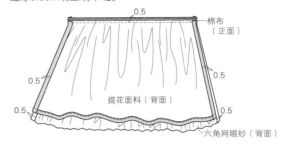

④腰带沿中心线折痕翻折，包住提花面料和六角网眼纱的缝份，以藏针缝缝合。

⑤按图示压缝腰带部分。

⑥将六角网眼纱正面相对两端对齐，按图示缝合至开口止缝点。提花面料也同样缝合至开口止缝点。

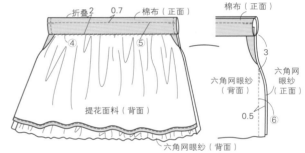

3　**完成。**

腰带部分穿入平面松紧带，需要先给娃娃试穿后确定具体的长短再剪去多余部分。平面松紧带两端重叠1cm，车缝两次加固固定。

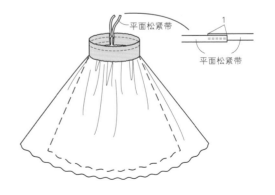

74

p.19
甜美花边睡衣

实物大纸型　p.90、91
育克、前片身、后片、袖子、袖口布、
衣领、荷叶边、裤子

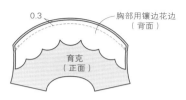

● **材料** ＊布料尺寸：长×宽。

全棉巴厘纱（白色）…
　S：40cm×20cm，M：50cm×22cm，L：55cm×25cm
宽1.2cm的镶边花边（白色）
　胸部用…S：7cm，M、L：8cm
　下摆用…S：24cm，M：28cm，L：32cm
　裤子用…S：20cm，M：22cm，L：23cm
宽1.4cm的抽褶刺绣花边（白色）
　下摆用…S：24cm，M：28cm，L：34cm
　裤子用…S：20cm，M：22cm，L：23cm
宽1cm的镂空蕾丝花边（白色）
　下摆用…S：24cm，M：28cm，L：34cm
　裤子用…S：20cm，M：22cm，L：23cm
宽0.4cm的缎带（米黄色）
　下摆用…S：24cm，M：28cm，L：34cm
　裤子用…S：20cm，M：22cm，L：23cm
直径0.5cm的撷扣…2组
宽0.3cm的平面松紧带…S、M、L：15cm

● **制作方法**

1 **裁剪布料。**

在全棉巴厘纱背面放置纸型，裁剪育克1片、
前片身1片、后片左右对称各1片、袖子2片、
袖口布2片、衣领1片、荷叶边1片、裤子2
片。全部用锁边液做好防绽线处理。

〈上衣〉

2 **缝制前片。**

①育克和胸部用镶边花边正面相对对齐，假缝临时固定。

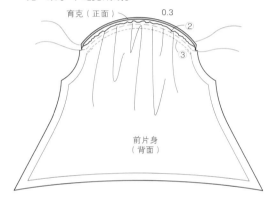

②大针距车缝前片身弧线边，两端各留出一段缝线。

③将步骤①的育克和步骤②的前片身正面相对对齐，
拉紧前片身左、右两端的上线抽褶，宽度缩至与育
克一致。车缝完成线。

④缝份倒向育克一侧，按图示在正面压缝装饰线，固
定背面缝份，完成前片。

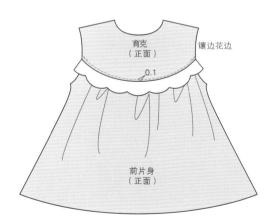

3 **缝合前、后片。**

同p.37"缝制衣领"的步骤**5**、**6**，缝合前、后片的肩
线。缝份倒向后片。

4　缝合袖子。

①大针距车缝袖子袖口的缝份，两端各留出一段缝线。

②同p.38"缝制袖子"的步骤**2~6**，缝制袖口布。

③袖山和衣身袖窿正面相对对齐，缝合。缝份倒向衣身。

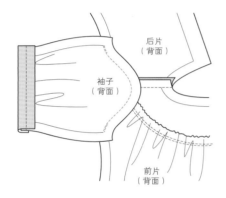

④同p.39"缝合侧边"的步骤**1~3**，连续车缝袖下线、侧边线。缝份倒向后片。

5　缝合衣领。

①衣领和衣身领围线正面相对对齐，缝合。衣领另一侧缝份折向背面。

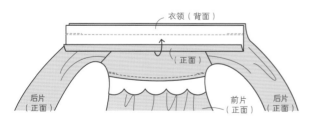

②把衣领翻折回衣身背面，包住领围线缝份，以藏针缝缝合。

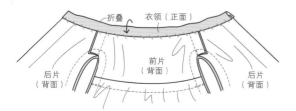

6　下摆缝制花边和荷叶边。

①同p.40"缝制荷叶边"的步骤**1~3**，缝制荷叶边。

②按图示在衣身正面下侧重叠下摆用镶边花边和抽褶刺绣花边，缝合。

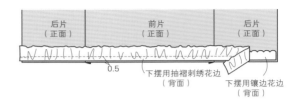

③荷叶边与衣身正面相对对齐，拉紧左、右两端的上线抽褶，宽度缩至与衣身一致。车缝完成线。

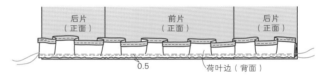

④打开荷叶边和花边，缝份倒向衣身，边缘压缝装饰线，固定背面缝份。

⑤把下摆用缎带穿过下摆用镂空蕾丝花边（参照p.35"镂空蕾丝花边结合缎带使用"）。花边下端对齐衣身下边缘，缝合。

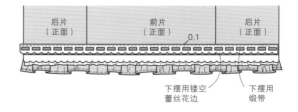

7 **上衣完成。**

①将后片开口处缝份向背面三折，端至端压缝。衣领、花边和荷叶边部分三折后比较厚，很难车缝，可以以藏针缝缝合。

②钉缝摁扣。需要先给娃娃试穿后再确定摁扣的位置。上衣完成。

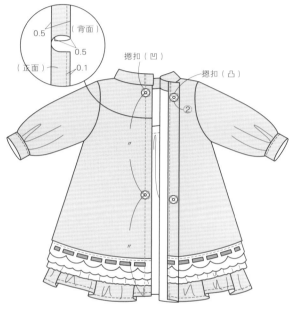

〈裤子〉

8 **裤子缝制花边。**

①把裤子用镶边花边和抽褶刺绣花边按图示重叠在裤子裤脚处，正面相对对齐，缝合。

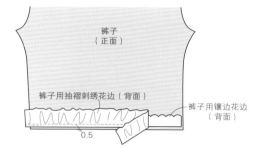

②打开花边，缝份倒向裤子，边缘压缝装饰线，固定背面缝份。

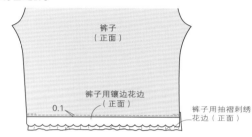

③把裤子用缎带穿过裤子用镂空蕾丝花边。花边上端对齐裤子下边缘向上0.5cm处，缝合。

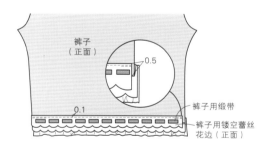

9 **裤子完成。**

同p.49"白色衬裤"的步骤**6~11**，完成裤子。

睡帽

※S：丽佳娃娃、珍妮娃娃用
　M：中布用
　L：小布用

● **材料**　＊布料尺寸：长×宽。

全棉巴厘纱（白色）…
　S：直径12cm，M：直径20cm，L：直径24cm
宽1.4cm的抽褶刺绣花边（白色）…
　S：48cm，M：72cm，L：88cm
宽0.3cm的平面松紧带…S：11cm，M：20cm，L：26cm
立体蕾丝花…1朵，样式随意
宽0.4cm的缎带（米黄色）…10cm

● **制作方法**

1 **处理布料。**

全棉巴厘纱一周用锁边液做好防绽线处理。

2 **缝合抽褶刺绣花边。**

①在睡帽正面距边缘0.3cm大针距车缝一周，起缝处和
止缝处各留出一段缝线。

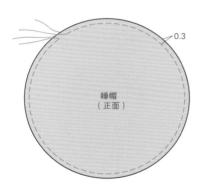

②拉紧上线抽褶，缝份向背面折叠1.5cm。距边缘
1cm车缝一圈，预留1.5cm的开口穿平面松紧带。

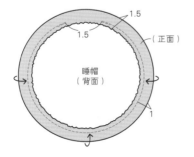

③在睡帽正面距边缘0.3cm处重叠抽褶刺绣花边。花边
两端重叠1cm，车缝一周固定。

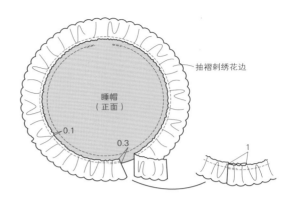

3 **完成。**

①从预留的开口处穿入平面松紧带，平面松紧带两端重
叠1cm，车缝两次加固固定。

②将缎带系成蝴蝶结，将蝴蝶结和立体蕾丝花钉缝装饰
在喜欢的位置即可。

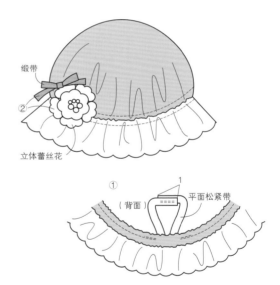

p.21
纸袋

● **材料**　＊布料尺寸：长×宽。

纸（花纹随意）…13cm×6.5cm
宽0.5cm的缎带（颜色随意）…20cm 2根
胶…适量

● **制作方法**

1　折出折痕。

按图示把纸张折出折痕。

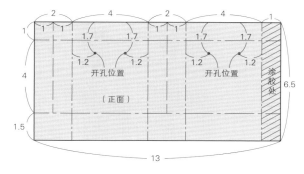

2　粘贴纸袋。

①纸袋上端沿折痕折向背面，用胶粘贴。

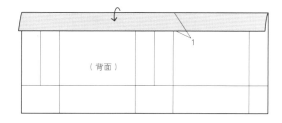

②使用打孔机在开孔位置打孔。

③沿所有纵向折痕折叠，在涂胶处涂上胶粘贴成筒状。

④按照左、右、下、上的顺序沿纸袋下端折痕折叠，用胶粘贴。

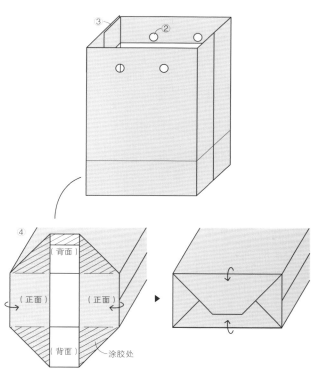

3　完成。

两面开孔处分别穿入缎带，系成蝴蝶结。

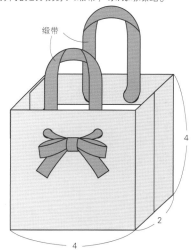

羊毛圈圈绒大衣

实物大纸型　p.92
前片、后片、袖子、衣领

● **材料**　＊布料尺寸：长×宽。

圈圈绒（粉色）…
　S：38cm×15cm，M：46cm×18cm，L：50cm×20cm
蕾丝面料（白色）…
　S：35cm×12cm，M：40cm×15cm，L：40cm×20cm
黏合衬…S：7cm×3cm 2片，M、L：8cm×3cm 2片
直径0.5cm的摁扣…2组

● **制作方法**

1　裁剪布料。

①在圈圈绒背面放置纸型，裁剪前片左右对称各1片、
后片1片、袖子2片、衣领1片。这些作为表布部分。

②在蕾丝面料背面放置纸型，裁剪前片左右对称各1片、
后片1片、衣领1片。这些作为里衬部分。

2　袖口缝制黏合衬贴边。

①将袖子正面和黏合衬不含胶面相对对齐，车缝袖
口完成线，包括两侧缝份。

②按图示裁剪黏合衬。

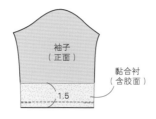

③把黏合衬折向袖子背面，用熨斗熨烫黏合。为了
避免黏合衬从正面边缘露出来，折叠时内缩0.1cm。

3　缝合外衣。

①将前片表布和后片表布正面相对对齐，缝合肩线。
打开缝份。

②将衣身的袖隆和袖子的袖山正面相对，对齐合印标
记，缝合。

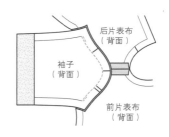

③同p.39"缝合侧边"的步骤**1~3**，连续车缝袖下
线、侧边线。缝份的弧线部分剪牙口，打开缝份。
外衣完成。

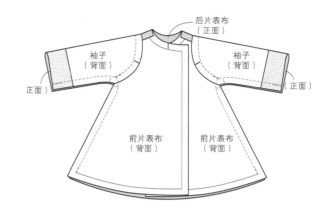

4 **缝合里衬。**

①同步骤3中的①，缝合前、后片里衬的肩线。打开缝份。

②缝合前、后片的侧边线。缝份的弧线部分剪牙口，打开缝份。里衬完成。

后片里衬
（正面）

前片里衬
（背面）

前片里衬
（背面）

5 **缝制衣领，完成大衣。**

①将衣领表布和衣领里衬正面相对对齐，缝合。

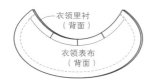

衣领里衬
（背面）

衣领表布
（背面）

②翻回正面，整理形状。

衣领里衬
（背面）

衣领表布
（正面）

③将衣领里衬面和外衣正面相对对齐领围线，假缝临时固定。

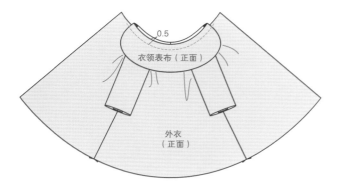

0.5

衣领表布（正面）

外衣
（正面）

④外衣和里衬正面相对，车缝一周，领围线按图示位置留出返口。

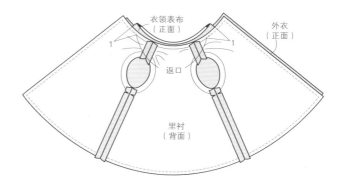

衣领表布
（正面）

外衣
（正面）

1

返口

1

里衬
（背面）

⑤从返口翻回正面，以藏针缝缝合返口。

⑥把里衬袖窿的缝份内折，以藏针缝缝于外衣的袖窿处。

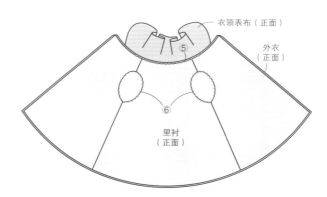

衣领表布（正面）

外衣
（正面）

⑤

⑥

里衬
（正面）

⑦在前片衣襟上钉缝摁扣。需要先给娃娃试穿后再确定摁扣的位置。

S: 4
M: 4.5
L: 5

摁扣（凸）

摁扣（凹）

p.23
经典露肩礼服

实物大纸型　p.93
前片、后片、袖子、裙子

● **材料** ＊布料尺寸：长×宽。

天竺棉（黑色）…
　S：15cm×10cm，M、L：16cm×13cm
形状记忆塔夫绸（黑色）…
　S：23cm×8cm，M：30cm×10cm，L：33cm×11cm
人造皮草（黑色）…
　袖子用…S：5cm×3cm 2片，M、L：6cm×3cm 2片
　裙子用…S：22cm×3cm，M：30cm×3cm，L：32cm×3cm
宽1cm的镂空蕾丝花边（黑色）…S：15cm，M、L：18cm
宽0.2cm的缎带（粉色）…S：35cm，M、L：40cm
直径0.5cm的摁扣…2组
宽0.5cm的双面胶…适量

● **制作方法**

1 **裁剪布料。**

在天竺棉背面放置纸型。裁剪前片1片、后片左右对称各1片、袖子2片。在形状记忆塔夫绸背面放置纸型，裁剪裙子1片。全部用锁边液做好防绽线处理。

2 **袖口装饰人造皮草。**

①将袖子用人造皮草和袖子正面相对对齐，缝合袖口完成线，包括两侧缝份。

②缝份倒向人造皮草一侧。

3 **缝合袖子与前、后片。**

①将前片和袖子正面相对，缝合袖隆。打开缝份。

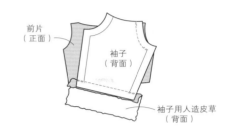

②将袖子再与1片后片正面相对，缝合袖隆。打开缝份。

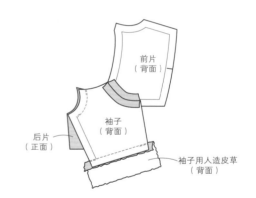

③同步骤①、②，缝合另一只袖子。

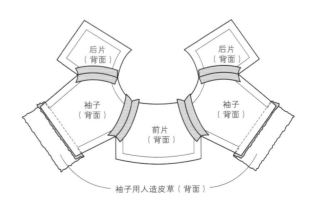

④领围线正面车缝镂空蕾丝花边进行装饰。

⑤把缎带从后片一端穿过镂空蕾丝花边的网状镂空部分（参照p.35"镂空蕾丝花边结合缎带使用"），剪去多余部分。

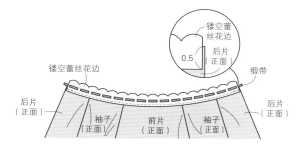

⑥同p.39"缝合侧边"的步骤1~3，连续缝合袖下线、侧边线。打开缝份。

⑦将袖口的人造皮草折向袖子背面，对齐接缝的针脚（★）后，使用双面胶粘贴。没有双面胶的话，也可以以藏针缝缝合。

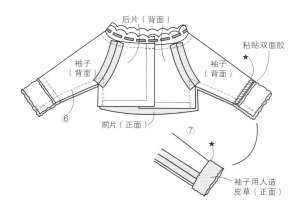

4　缝合裙子，完成。

①裙子下侧和裙子用人造皮草正面相对对齐，缝合。

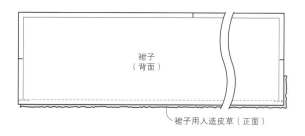

②缝份倒向人造皮草一侧。

③同p.41"缝合衣身和裙子"的步骤1、2，缝合衣身和裙子。

④将裙子部分正面相对左右两端对齐，从开口止缝点开始，缝合至人造皮草底端。

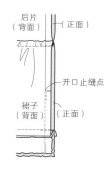

⑤同p.41"缝合衣身和裙子"的步骤5、6，处理缝份，压缝装饰线。

⑥分别在后片开口处镂空蕾丝花边的下方、后片与裙子接缝针脚的下方钉缝摁扣。需要先给娃娃试穿后再确定摁扣的位置。

⑦把人造皮草折向裙子背面，与步骤①的针脚对齐，用双面胶粘贴。没有双面胶的话，也可以以藏针缝缝合。

⑧将剩余的缎带对半剪开，系成蝴蝶结，钉缝在两边肩部。

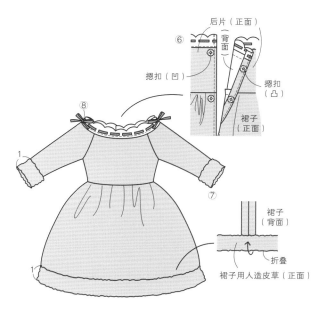

p.23
白色过膝袜

实物大纸型　p.93

● **材料**　＊布料尺寸：长×宽。

针织面料（白色）…
　S：12cm×10cm，M：14cm×12cm，L：14cm×14cm
宽1.6cm的抽褶刺绣花边…S：10cm，M、L：12cm
厚卡纸…比纸型略大

● **制作方法**

1　同p.50的"条纹过膝袜"，准备纸型。

2　在针织面料正面上侧车缝抽褶刺绣花边进行装饰。

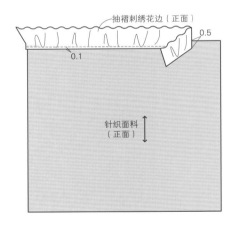

3　同p.50、51"条纹过膝袜"的步骤2~8，缝制白色
　过膝袜。

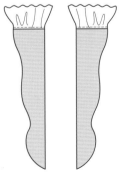

p.25
花饰

● **材料**　＊布料尺寸：长×宽。
缎带
　A　宽1.5cm的缎带（红色）…7cm
　B　宽0.4cm的天鹅绒缎带（红色）…12cm
　C　宽0.3cm的缎带（白色，镶银边）…10cm
立体蕾丝花（白色）…2cm×1cm
直径约1.5cm的手造花（白色，含叶片）…1朵
胸针…1个
手工用黏合剂…适量

● **制作方法**

1　**制作底座。**

①将缎带A按图示折叠，
重叠部分进行平针缝。

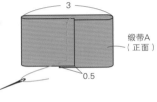

②拉紧平针缝缝线缩缝，
中间钉缝立体蕾丝花。这
一面作为背面。

2　**钉缝配饰，完成。**

①把底座翻回正面，中央使用手工用黏合剂粘上手造花。

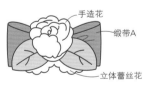

②分别把缎带B和缎带C系成蝴蝶结，重叠在步骤①上钉
缝。如果钉缝有困难，也可以使用手工用黏合剂粘贴。

③背面装上胸针，选择喜欢的位置，钉缝在闪亮泡泡裙
上。

实 物 大 纸 型

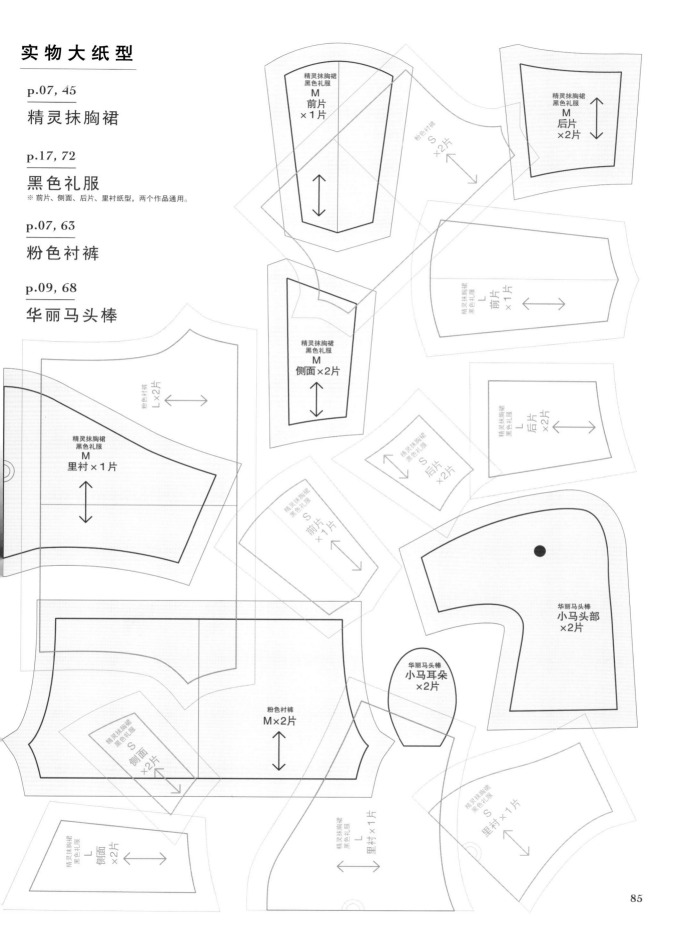

精灵抹胸裙
黑色礼服
M
前片
×1片

精灵抹胸裙
黑色礼服
M
后片
×2片

粉色衬裤
S
×2片

精灵抹胸裙
黑色礼服
L
前片
×1片

精灵抹胸裙
黑色礼服
M
侧面×2片

精灵抹胸裙
黑色礼服
L
后片
×2片

精灵抹胸裙
黑色礼服
S
后片
×2片

精灵抹胸裙
黑色礼服
M
里衬×1片

粉色衬裤
L×2片

精灵抹胸裙
黑色礼服
S
前片
×1片

华丽马头棒
小马头部
×2片

华丽马头棒
小马耳朵
×2片

精灵抹胸裙
黑色礼服
S
侧面
×2片

粉色衬裤
M×2片

精灵抹胸裙
黑色礼服
L
侧面
×2片

精灵抹胸裙
黑色礼服
L
里衬×1片

精灵抹胸裙
黑色礼服
S
里衬×1片

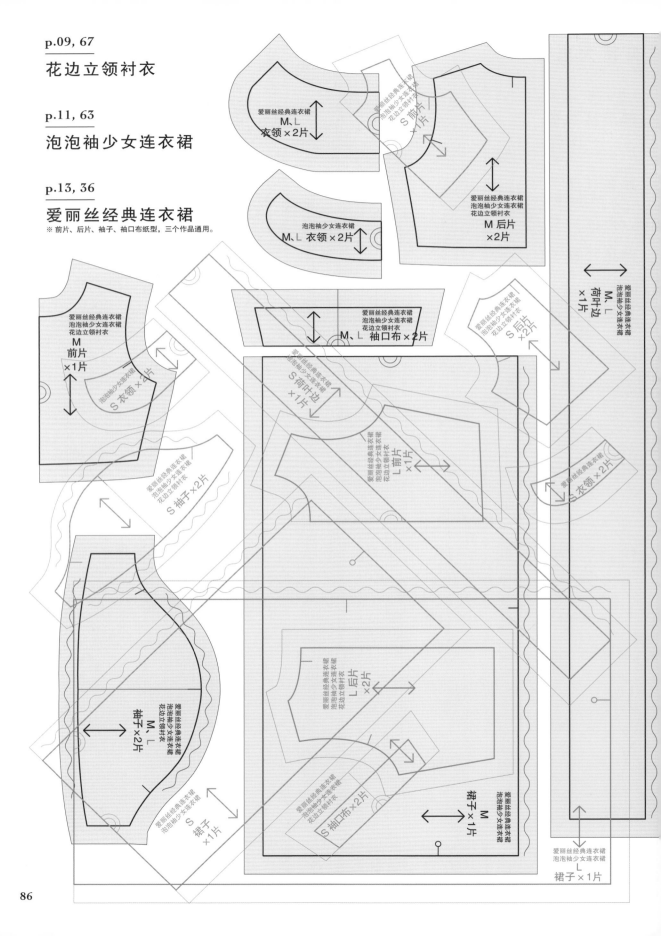

p.09, 67

花边立领衬衣

p.11, 63

泡泡袖少女连衣裙

p.13, 36

爱丽丝经典连衣裙

※ 前片、后片、袖子、袖口布纸型，三个作品通用。

复古围裙

厨房隔热手套

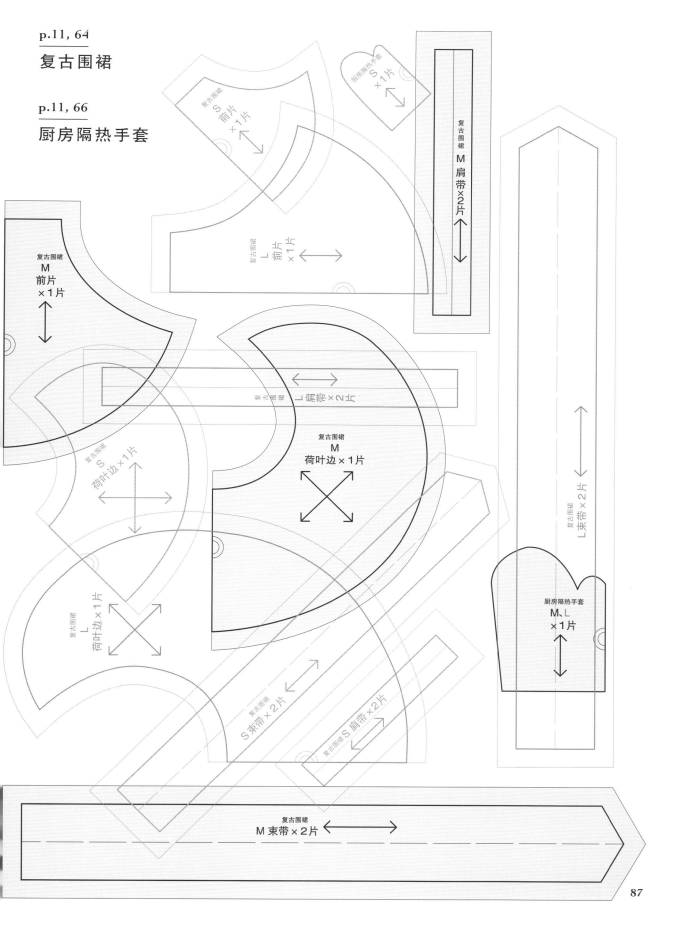

复古围裙
S 前片
×1片

厨房隔热手套
S×1片

复古围裙
M 肩带×2片

复古围裙
L 前片
×1片

复古围裙
M
前片
×1片

复古围裙 L 硬衬×2片

复古围裙
M
荷叶边×1片

复古围裙
S 荷叶边×1片

复古围裙
L 束带×2片

复古围裙
L 荷叶边×1片

厨房隔热手套
M、L
×1片

复古围裙
S 束带×2片

复古围裙 S 肩带×2片

复古围裙
M 束带×2片

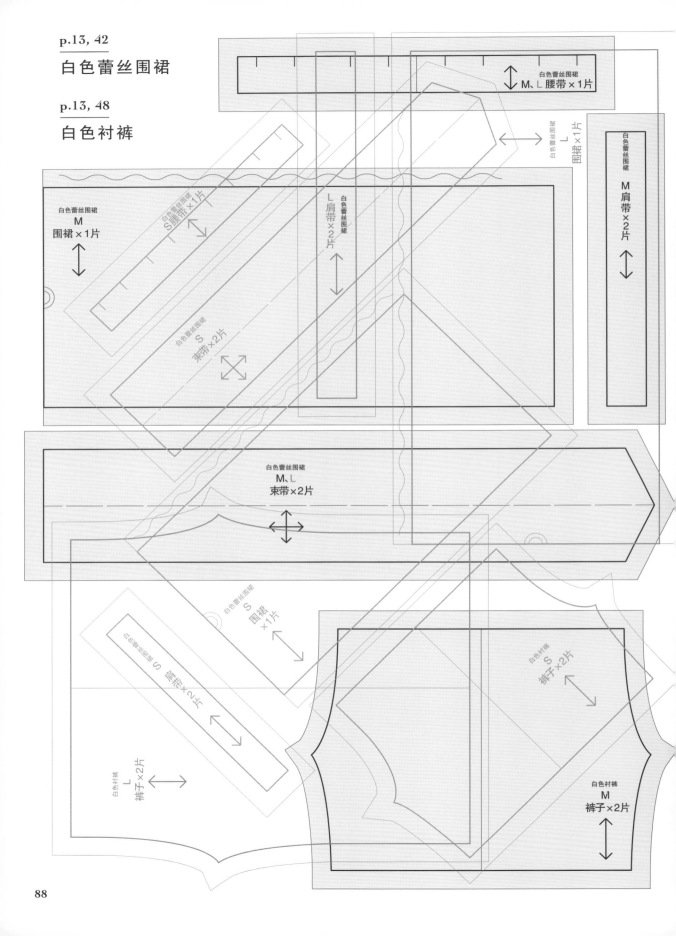

p.13, 42

白色蕾丝围裙

p.13, 48

白色衬裤

白色蕾丝围裙　M、L 腰带×1片

白色蕾丝围裙　L 围裙×1片

白色蕾丝围裙　M 肩带×2片

白色蕾丝围裙　M 围裙×1片

白色蕾丝围裙　S 腰带×1片

白色蕾丝围裙　L 肩带×2片

白色蕾丝围裙　S 束带×2片

白色蕾丝围裙　M、L 束带×2片

白色蕾丝围裙　S 围裙×1片

白色蕾丝围裙　S 围裙×2片

白色衬裤　S 裤子×2片

白色衬裤　L 裤子×2片

白色衬裤　M 裤子×2片

六片式连衣裙

※ 对齐 L 衣身纸型的★和☆标记，拼接成一张纸型使用。

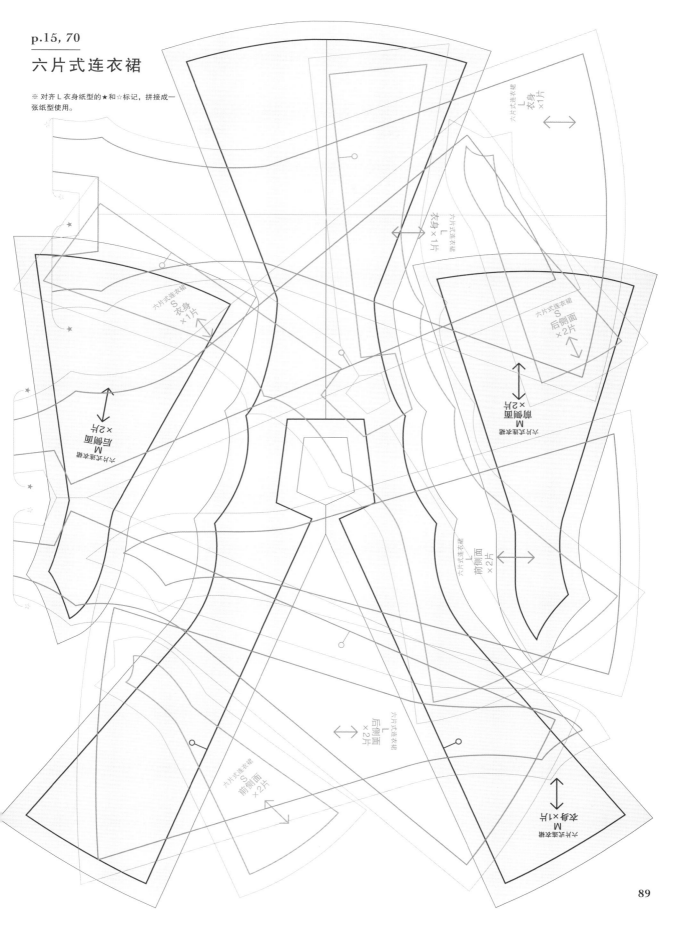

六片式连衣裙 L 衣身 ×1片

六片式连衣裙 L 衣身 ×1片

六片式连衣裙 S 衣身 ×1片

六片式连衣裙 M 后侧面 ×2片

六片式连衣裙 S 后侧面 ×2片

六片式连衣裙 M 前侧面 ×2片

六片式连衣裙 L 前侧面 ×2片

六片式连衣裙 L 后侧面 ×2片

六片式连衣裙 S 前侧面 ×2片

六片式连衣裙 M 衣身 ×1片

甜美花边睡衣

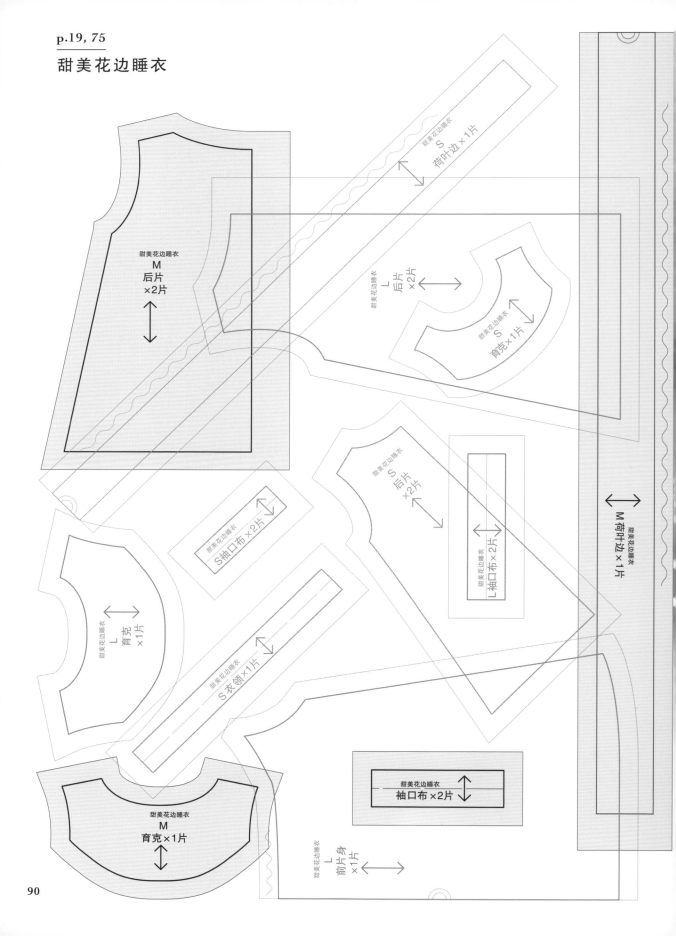

甜美花边睡衣
M
后片
×2片

甜美花边睡衣
S
荷叶边×1片

甜美花边睡衣
L
后片
×2片

甜美花边睡衣
S
育克×1片

甜美花边睡衣
S袖口布×2片

甜美花边睡衣
S
后片
×2片

甜美花边睡衣
L袖口布×2片

甜美花边睡衣
M荷叶边×1片

甜美花边睡衣
L
育克
×1片

甜美花边睡衣
S衣领×1片

甜美花边睡衣
袖口布×2片

甜美花边睡衣
M
育克×1片

甜美花边睡衣
L
前片身
×1片

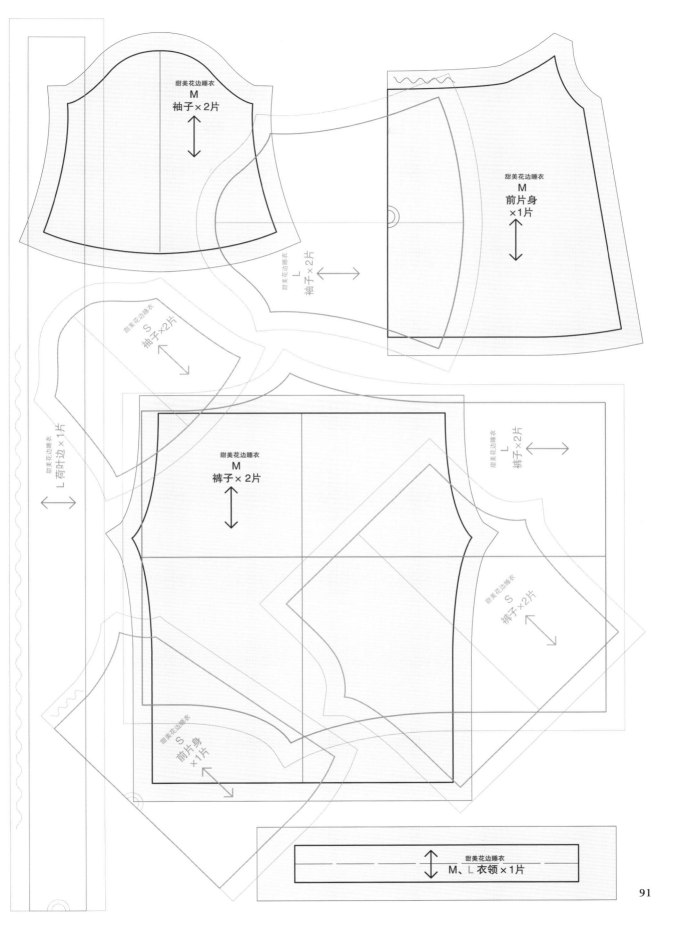

甜美花边睡衣
M
袖子×2片

甜美花边睡衣
L
袖子×2片

甜美花边睡衣
S
袖子×2片

甜美花边睡衣
M
前片身
×1片

甜美花边睡衣
L 荷叶边×1片

甜美花边睡衣
M
裤子×2片

甜美花边睡衣
L
裤子×2片

甜美花边睡衣
S
裤子×2片

甜美花边睡衣
S
前片身
×1片

甜美花边睡衣
M、L 衣领×1片

羊毛圈圈绒大衣

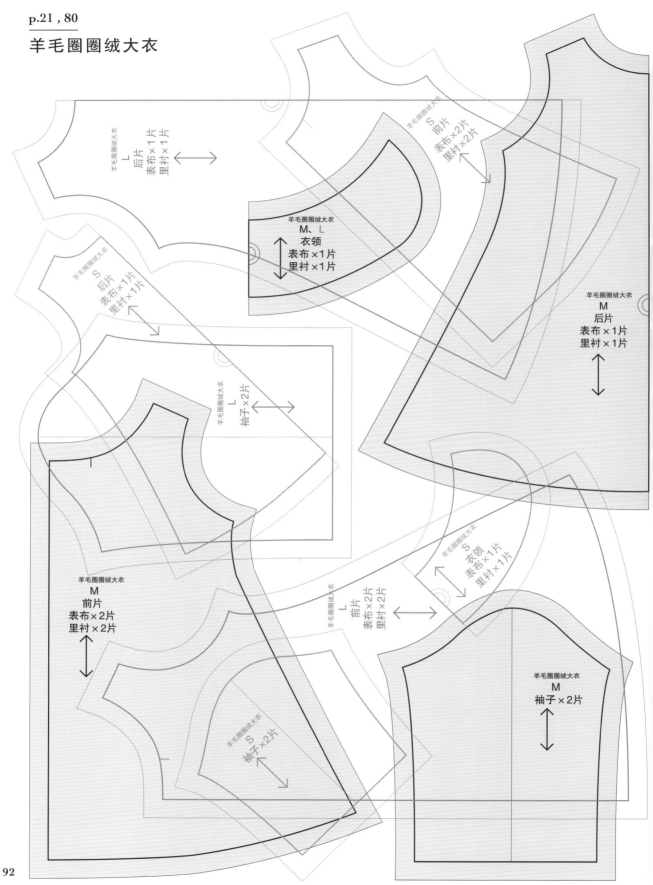

羊毛圈圈绒大衣
L
后片
表布×1片
里衬×1片

羊毛圈圈绒大衣
S
前片
表布×2片
里衬×2片

羊毛圈圈绒大衣
M、L
衣领
表布×1片
里衬×1片

羊毛圈圈绒大衣
M
后片
表布×1片
里衬×1片

羊毛圈圈绒大衣
S
后片
表布×1片
里衬×1片

羊毛圈圈绒大衣
L
袖子×2片

羊毛圈圈绒大衣
M
前片
表布×2片
里衬×2片

羊毛圈圈绒大衣
S
衣领
表布×1片
里衬×1片

羊毛圈圈绒大衣
L
前片
表布×2片
里衬×2片

羊毛圈圈绒大衣
S
袖子×2片

羊毛圈圈绒大衣
M
袖子×2片

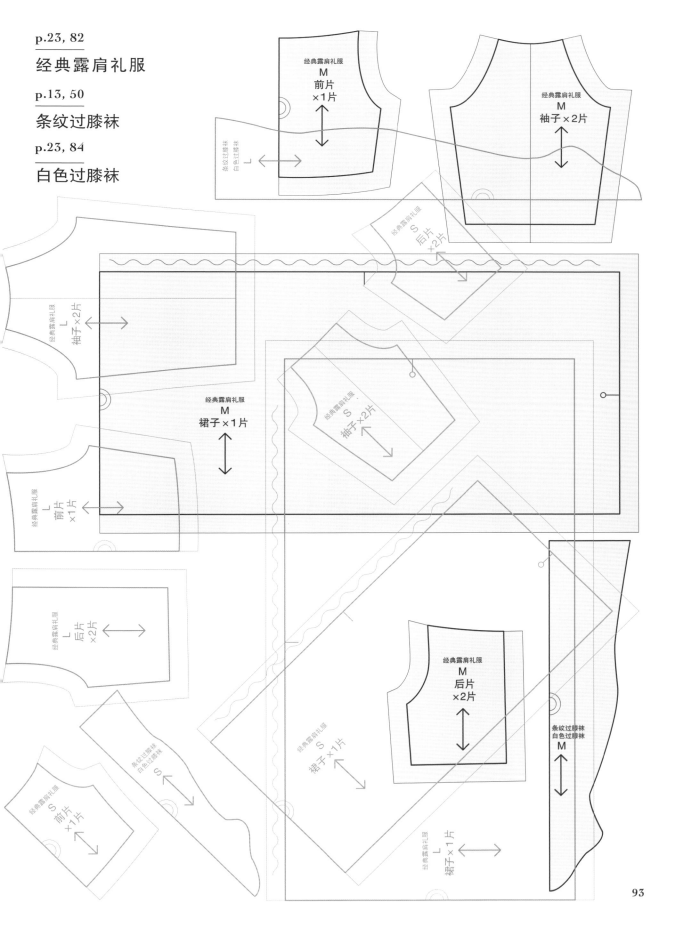

经典露肩礼服
M
前片
×1片

经典露肩礼服
M
袖子×2片

条纹过膝袜
L
白色过膝袜

经典露肩礼服
S
后片×2片

经典露肩礼服
L
袖子×2片

经典露肩礼服
M
裙子×1片

经典露肩礼服
S
袖子×2片

经典露肩礼服
L
前片
×1片

经典露肩礼服
L
后片
×2片

经典露肩礼服
M
后片
×2片

条纹过膝袜
白色过膝袜
M

经典露肩礼服
S
裙子×1片

经典露肩礼服
L
裙子×1片

条纹过膝袜
白色过膝袜
S

经典露肩礼服
S
前片
×1片

闪亮
泡泡裙

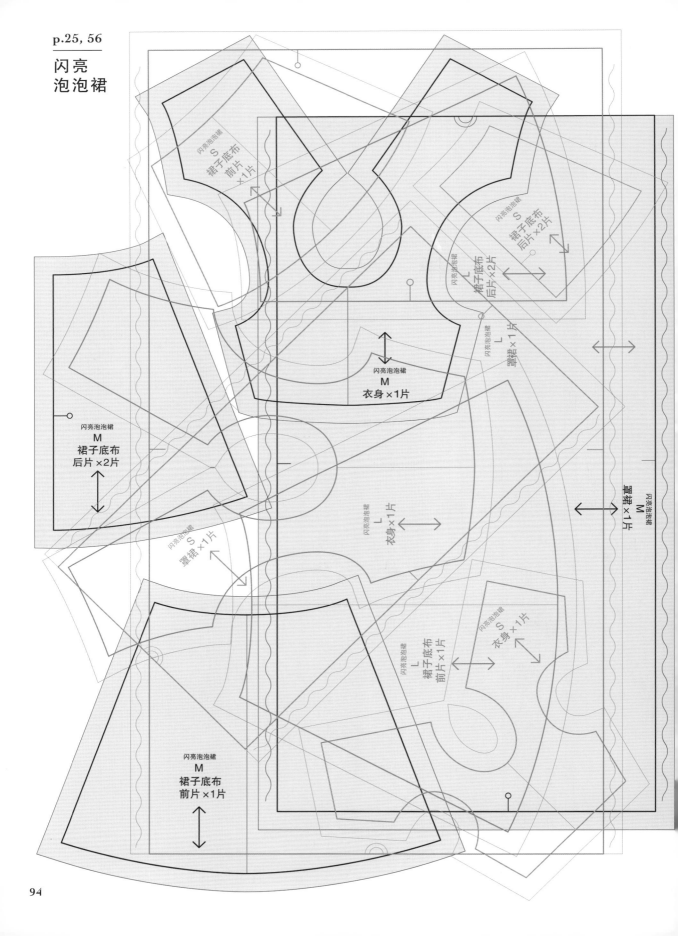

闪亮泡泡裙
S
裙子底布
前片×1片

闪亮泡泡裙
S
裙子底布
后片×2片

闪亮泡泡裙
L
裙子底布
后片×2片

闪亮泡泡裙
L
罩裙×1片

闪亮泡泡裙
M
衣身×1片

闪亮泡泡裙
M
裙子底布
后片×2片

闪亮泡泡裙
L
衣身×1片

闪亮泡泡裙
S
罩裙×1片

闪亮泡泡裙
M
罩裙×1片

闪亮泡泡裙
S
衣身×1片

闪亮泡泡裙
L
裙子底布
前片×1片

闪亮泡泡裙
M
裙子底布
前片×1片

打褶工装裤

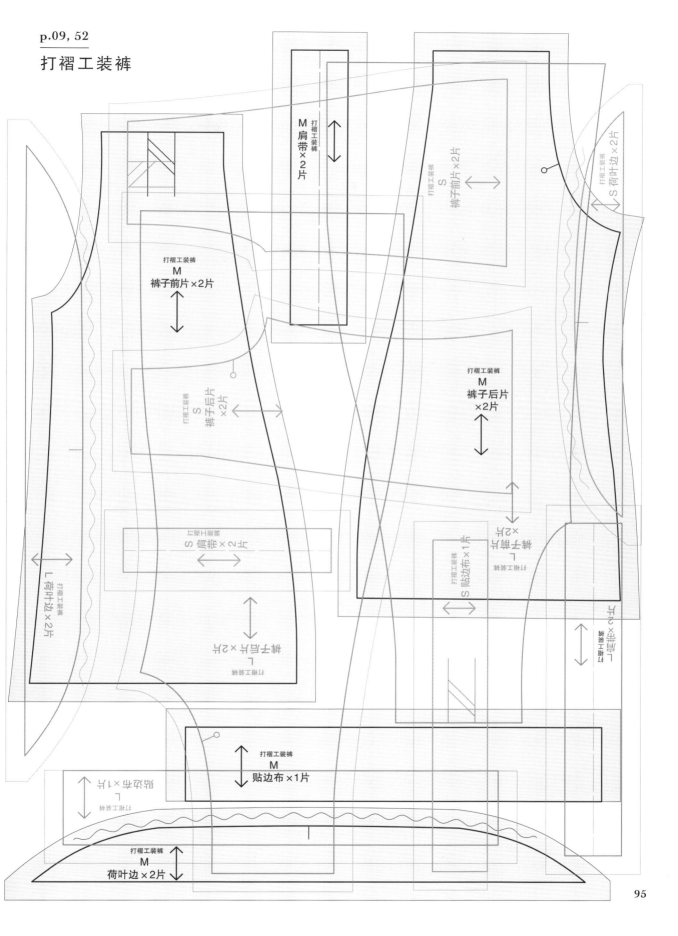

打褶工装裤
M
肩带×2片

打褶工装裤
S
裤子前片×2片

打褶工装裤
S
荷叶边×2片

打褶工装裤
M
裤子前片×2片

打褶工装裤
S
裤子后片×2片

打褶工装裤
M
裤子后片
×2片

打褶工装裤
S
肩带×2片

打褶工装裤
S
贴边布×1片

打褶工装裤
L
荷叶边×2片

打褶工装裤
L
裤子后片×2片

打褶工装裤
L
裤子前片×2片

打褶工装裤
M
贴边布×1片

打褶工装裤
L
贴边布×1片

打褶工装裤
M
荷叶边×2片

F4*gi

梦幻（Fantastic）、迷人（Fascinating）、美妙（Fabulous），用手作创造一个梦幻世界。再把这个世界的美好和喜悦，用不同的作品分享给身边各个年龄层的朋友。同样抱着"要为这个社会做些什么"的强烈想法，集合四个不同年代的二月份（February）生人，组成了一个既具有专业性又富有创造性的组合。

仓井美由纪
（出生于2月11日）

提倡"谁都可以轻松完成"的简单缝纫。除了主持缝纫教学工作室，出版过多部著作，还广泛活跃于缝纫机和缝纫相关商品的生产领域，以及各种研习研讨会。是日本手作界的先锋人物。
http://www.kurai-muki.com

畑中江里
（出生于2月26日）

手作、料理、摄影、品质生活……创作的作品天然带有一种优雅的气质。所主办的摄影课程和商品售卖都具有相当高的人气。在做一名网页设计师的同时，用心创造着每一天的幸福生活。
http://www.eris-style.com

远藤惠子
（出生于2月18日）

从服装学院毕业，在高级时装店积累了一定的经验后，成为一名自由打版师。不论是女性服装、儿童服装，还是宠物服装、娃娃服装，包括高级定制的服装都会亲自动手制作。喜欢使用荷叶边装饰，创作出成年女性也可以驾驭的可爱风格服饰。
http://instagram.com/kei_petits_pois

花森纱织
（出生于2月19日）

主理Time for Princess（珠宝与服饰）网站。原创的作品个性与品位并存，高雅又不失可爱，彰显着独特的公主风格。因其治愈系的文字、积极的生活态度，拥有大量的粉丝。
http://www.saorihanamori.com

DOLL OUTFIT STYLE by F4*gi
Copyright © 2018 Muki Kurai/Eri Hatanaka/Keiko Endo/Saori Hanamori
All rights reserved.
Original Japanese edition published by NIHONBUNGEISHA Co.,Ltd.

This Simplified Chinese language edition is published by arrangement with
NIHONBUNGEISHA Co.,Ltd.,Tokyo in care of Tuttle-Mori Agency,Inc.,Tokyo
through Shinwon Agency Co.,Beijing Representative Office.

备案号：豫著许可备字 –2018-A-0109

图书在版编目（CIP）数据

令人着迷的娃娃服饰制作：四季娃娃风格穿搭 / 日本 F4*gi 团体著；项晓笈译. —郑州：河南科学技术出版社，2019.10
ISBN 978-7-5349-9637-5

Ⅰ.①令…　Ⅱ.①日…　②项…　Ⅲ.①手工艺品–制作　Ⅳ.①TS973.5

中国版本图书馆 CIP 数据核字（2019）第 178456 号

出版发行：河南科学技术出版社
　　　　　地址：郑州市郑东新区祥盛街 27 号　　邮编：450016
　　　　　电话：（0371）65737028　65788613
　　　　　网址：www.hnstp.cn
策划编辑：李　洁
责任编辑：孟凡晓
责任校对：金兰苹
封面设计：张　伟
责任印制：张艳芳
印　　刷：河南瑞之光印刷股份有限公司
经　　销：全国新华书店
幅面尺寸：787 mm×1 092 mm　1/16　　**印张：**6　　**字数：**150 千字
版　　次：2019 年 10 月第 1 版　　2019 年 10 月第 1 次印刷
定　　价：49.80 元